Numerical Simulation
Analysis and Optimization
of Tubular Solid Oxide Fuel Cells

管式固体氧化物燃料电池的数值分析优化

于子冬　孔为　陈代芬　等著

化学工业出版社
·北京·

《管式固体氧化物燃料电池的数值分析优化》以管式固体氧化物燃料电池（SOFC）为研究对象，在电池单元尺度层面上，建立了一个多物理场耦合模型来研究电池构型对其性能的影响。模型中考虑了集流件与电极间的接触电阻，耦合了电子导电过程、离子导电过程、气体输运过程以及电化学反应过程。在电池堆大尺度层面，区别于传统的以阴极支撑型为主的电堆设计，针对阳极支撑型建立了电堆内空气流场模型。计算分析多种设计方案，综合考虑各结构参数对空气流场影响，包括进出口管直径、进出口管数、进出口管布置位置、流通截面、单电池间距等，对多种方案的堆内空气流场各区域进行整体分析和优化设计。

　　《管式固体氧化物燃料电池的数值分析优化》适合从事能源化学工程专业的研究生和科研人员阅读，也可供从事燃料电池相关工作的工程技术人员参考。

图书在版编目（CIP）数据

管式固体氧化物燃料电池的数值分析优化/于子冬等编 .
北京：化学工业出版社，2017.11
ISBN 978-7-122-30706-4

Ⅰ.①管… Ⅱ.①于… Ⅲ.①固体-氧化物-燃料电池-数值分析 Ⅳ.①TM911.4

中国版本图书馆 CIP 数据核字（2017）第 238636 号

责任编辑：袁海燕　　　　　　　　　装帧设计：王晓宇
责任校对：王素芹

出版发行：化学工业出版社（北京市东城区青年湖南街 13 号　邮政编码 100011）
印　　装：中煤（北京）印务有限公司
787mm×1092mm　1/16　印张 8　字数 142 千字　　2017 年 11 月北京第 1 版第 1 次印刷

购书咨询：010-64518888(传真：010-64519686)　　售后服务：010-64518899
网　　址：http://www.cip.com.cn
凡购买本书，如有缺损质量问题，本社销售中心负责调换。

定　　价：88.00 元

燃料电池是一种典型的电化学发电设备，是将储存在燃料和氧化剂中的化学能直接转变为电能的发电设备，能量转换不受卡诺循环限制，以其高效、环保、低噪等优势被誉为 21 世纪最具前景的发电技术之一。 其在欧美等国家被深入研发，广泛应用于航空航天、水下航行器、陆地单兵装备等军用领域，并开始覆盖民用公交系统和通讯等领域。

燃料电池工作过程中涉及的传热、传质、动量传递、电化学反应和离子电子混合导电等过程并非互不相干而是强烈相互耦合的，通过实验方法研究不同过程间的相互作用是一种非常昂贵且耗时的方式，相对而言数值模拟方法成本低且高效。 而且分析结果有助于研究者对燃料电池工作过程中的各种现象深入理解，帮助研究者找到对燃料电池性能影响的主要因素，进而发现潜在问题，进行有针对性的优化设计。 随着计算机和商业软件的发展，数值模拟方法越来越强大、越来越准确，在燃料电池设计优化的道路上，数值模拟方法扮演着越来越重要的角色。 但是对燃料电池进行建模非常复杂，目前各国学者从多个方面建立了完善程度不同的用于模拟燃料电池性能的模型。

《管式固体氧化物燃料电池的数值分析优化》针对的研究对象是管式结构的固体氧化物燃料电池（TSOFC），管式结构单电池由一端封闭、一端开口的多层管子构成，是 SOFC 最早发展的一种形式，也是目前较为成熟和实用化的一种形式，其在电能输出的稳定性、长时间抗劣化衰减、抗热应力破坏三个方面具有明显的优势。 对管式 SOFC 的研发主要集中在以美国、日本和欧洲为代表的一些发达国家，其中美国开展管式 SOFC 的研究最早，我国多数研究机构集中在平板式 SOFC 的研究，管式 SOFC 的研究较少。

书中对燃料电池工作过程数值模拟相关的理论基础进行了较为系统地阐述，详细描述了燃料电池工作过程中涉及的流体力学，对流导热，管道、多孔介质传质，电化学等多学科知识体系，并结合管式 SOFC 内部复杂的结构和流动分配特征详细推演得出管式 SOFC 的电化学、传质、传热和混合导电之间的偏微分耦合数值模型，所建立的管式 SOFC 多物理场耦合数值模型是具有菲克定律形式的尘气模型。

在电池单元尺度层面上，建立了一个多物理场耦合模型来研究电池构型对其性能的影响。模型中考虑了集流件与电极间的接触电阻，耦合了电子导电过程、离子导电过程、气体输运过程以及电化学反应过程。

书中建立的空气分配设计方案可为阳极支撑型管式 SOFC 电堆提供可靠的空气分配质量，解决了其实用化面临的技术难题之一，为研发高性能管式 SOFC 电堆提供了重要的技术支持。

本书由于子冬、陈代芬、孔为、肖蓓蓓共同撰写，在编写和出版过程中得到了江苏科技大学的支持和资助，得到了化学工业出版社编辑的热心帮助，谨在此致以衷心的感谢。

由于作者水平有限，书中难免有不当之处，敬请广大读者不吝指正。

著者

2017 年 7 月

目 录

符 号 表

符号：

A—面积，m^2

A_c—催化面积系数

a—活性

ASR—面积比电阻，$\Omega \cdot m^2$

AST—阳极支撑型管式

B_0—流体渗透率，m^2

C—电容，F

C_α—组分 α 的摩尔浓度，$mol \cdot m^{-3}$

CST—阴极支撑型管式

$D_{\alpha,\beta}^{eff}$—有效两相互扩散系数，$m^2 \cdot s^{-1}$

$D_{Kn,\alpha}^{eff}$—气体组分 α 的有效努德森扩散系数，$m^2 \cdot s^{-1}$

EAZ—电化学活化区

E_{H_2}—氢分子活化能，$J \cdot mol^{-1}$

E_{O_2}—氧分子活化能，$J \cdot mol^{-1}$

E_0—开路能斯特势，V

E_a^{eq}—阳极局域平衡电动势，V

E_c^{eq}—阴极局域平衡电动势，V

f—正态分布的概率密度

F—法拉第常数，$C \cdot mol^{-1}$

G—吉布斯自由能，$J \cdot mol^{-1}$

ΔG_{act}—活化能垒，$J \cdot mol^{-1}$

H—焓，$J \cdot mol^{-1}$

h—普朗克常数，$J \cdot s^{-1}$

i_{op}—工作电流密度，$A \cdot m^{-2}$

i_e—局域电子电流密度，$A \cdot m^{-2}$

i_i—局域离子电流密度，$A \cdot m^{-2}$

$i_{e,i}^V$—单位体积电子/离子电流之间转化率，$A \cdot m^{-3}$

j_0—单位三相线长度的交换电流，$A \cdot m^{-1}$

$j_{0,ref}$—j_0 表达式的前置系数，$A \cdot m^{-1}$

k—玻尔兹曼常数，$J \cdot K^{-1}$

L—复合电极层的几何厚度，m

l—电化学活化区间内的局域位置，m

l_0—电化学反应区间的最大潜在厚度，m

$l_{ed,el}$—单位 ed 和 el 颗粒重叠的接触面周长，m

LSM—镧锶锰

M—所有固体颗粒的种类

M_α—气体 α 分子摩尔质量，$kg \cdot mol^{-1}$

$M_{\alpha,\beta}$—平均分子摩尔质量，$kg \cdot mol^{-1}$

n—电解质材料的颗粒尺寸种类

n_k^S—单位致密电解质表面积的 k 颗粒个数

n_k^V—单位体积的 k 颗粒个数

N_α—气体 α 组分的摩尔流量，$mol \cdot m^{-2} \cdot s^{-1}$

p—总压强，Pa

p_α^0—气体 α 组分在气道入口的偏压，Pa

p_α—气体 α 组分的局域偏压，Pa

P_k—k 类颗粒的逾渗概率

r_g—水力半径，m

r_k—k 类颗粒的半径，m

$\bar{r}$—颗粒的平均半径，m

R—气体常数，$J \cdot mol^{-1} \cdot K^{-1}$

R_{el}^{tra}—复合电极中电解质颗粒的体电阻

R_{el}^{ter}—复合电极中电解质颗粒间的边界电阻

S—复合电极层的几何截面积，m^2

S_{el}^{ter}—单位电解质颗粒层内电解质颗粒间的接触面积，m^2

SOFC—固体氧化物燃料电池

T—工作温度，K

TPB—三相边界（three-phase-boundary）

T_{ref}—参考温度，K

U—内能，$J \cdot mol^{-1}$

u—迁移率，$m^2 \cdot (Vs)^{-1}$

V—体积，m^3

ν_α—气体组分 α 的扩散体积，$m^3 \cdot mol^{-1}$

V_{op}—工作电压，V

W—功，$J \cdot mol^{-1}$

x_α—气体 α 摩尔分数

YSZ—钇稳氧化锆

$Z_{k,l}$——一个 k 颗粒平均连接的 l 颗粒数

$\overline{Z}$—所有固体颗粒间的平均配位数

希腊字母：

δ—颗粒间接触的边界厚度，m

α_f，β_r—正逆反应对称因子

η_{act}—局域活化过电势，V

η_{ohm}—欧姆极化电势降，V

λ_α—α 材料的热导率，$W \cdot m^{-1} \cdot K^{-1}$

$\lambda_{TPB,eff}^{V}$—单位体积的逾渗三相线长度，m^{-2}

$\tilde{\lambda}_{TPB,eff}^{S}$—无量纲化的单位致密电解质表面积的逾渗三相线长度

$\lambda_{TPB,eff}^{S}$—单位致密电解质表面积的逾渗三相线长度，m^{-1}

ζ_k—k 类颗粒所占的总固体颗粒的比例

μ—混合气体黏滞系数，$kg \cdot m^{-1} \cdot s^{-1}$

μ_α—气体 α 的化学势，J

γ—布朗格因子

ϕ_g—孔隙率

Φ_e—局域电子电势，V

$\hat{\Phi}_e^a$—等效局域阳极电子电势，V

$\hat{\Phi}_e^c$—等效局域阴极电子电势，V

Φ_i—局域离子电势，V

$\hat{\Phi}_i$—等效局域离子电势，V

ψ_k—k 类颗粒所占固体部分的体积分数

$\psi_{ed_k}^0$—第 k 类颗粒的体积分数在电极材料中所占的比例

ψ_k^t—k 类颗粒体积分数的逾渗临界值

σ—正态分布的标准偏差

σ'—无量纲化的正态分布标准偏差（$\sigma/\overline{r}$）

$\sigma^{tra,o}$—本征体电导率，$S \cdot m^{-1}$

$\sigma^{tra,eff}$—有效体电导率，$S \cdot m^{-1}$

$\sigma^{tra,o}$—颗粒界面间的固有电导率，$S \cdot m^{-1}$

$\sigma^{tra,eff}$—有效颗粒边界电导率，$S \cdot m^{-1}$

σ_{el}^{eff}—有效离子电导率，$S \cdot m^{-1}$

τ—气道曲折因子

θ—单位重叠颗粒的平均接触角，°

上下标：

a—阳极

c—阴极

ed—表示所有的 m 种电极材料颗粒

el—表示所有的 n 种电解质材料颗粒

ed_k—第 k 种电极颗粒

el_k—第 k 种电解质颗粒

ele—致密电解质

eq—平衡态

第 1 章

绪 论

本章首先阐明燃料电池研究背景，分析了当前社会可持续发展面临的能源危机和环境污染，及潜在可行的应对方案；接着阐明了燃料电池的发展和演化过程，并重点说明了其中的固体氧化物燃料电池的类型、结构、材料及反应原理，随后对国内外的研究现况进行了详细地综述，最后引出并介绍了本书研究的主要内容。

1.1 研究背景

人类文明的发展离不开能源的助力，随着全球人口的快速增长和经济的迅猛发展，对能源的需求也在与日俱增。近十年时间（2006～2015 年）全世界一次能源总消费量从 112.678 亿吨油当量增加到 131.473 亿吨油当量，增长了 16.68%[1]。预计到 2035 年，世界人口会增加 15 亿，GDP 增长 1 倍以上，而能源消费量会增加 34%，其中化石燃料（石油、天然气、煤炭）占 79%，其他能源（核电、水电、可再生能源）占 21%，化石燃料主导地位不会变动[2]。

然而，伴随着生产和生活中大量化石燃料的使用，一方面能源危机显现，另一方面是环境恶化，比如二氧化碳（CO_2）含量升高导致极端气候形成[3]，二氧化硫（SO_2）造成酸雨及海洋污染[4]，氮氧化物（NO_x）破坏遮挡短波紫外线的大气臭氧层等[5]，都危害着我们的身体健康和生活质量，环境的污染反过来制约着经济的进一步发展。

人类发展面临着能源供应和环境保护的双重压力，为了人类社会的可持续发展，世界能源发展战略重点是：提高化石能源利用率；大力开发可再生能源；最大限度地减少有害物排放，从而实现能源生产和消费的高效、低碳、清洁[6]。目前核电洁净高效，但核技术的安全问题令人担忧，2011 年日本福岛核泄漏事件使各国纷纷限制或暂停核能利用[7]；可再生能源技术依然不尽如人意：以太阳光发电技术为例，太阳光不需要成本，但制作太阳能板需要成本，消耗材料及能源，并释放 CO_2，且晚间无法发电，还需占用大片的土地[8]。

幸运的是，燃料电池这种新能源技术的出现为解决上述难题提供了可能。燃料电池具有高效率、低污染、不需充电、无燃烧过程、无任何机械马达转动的零件等优异性能，1995 年被美国《时代周刊》列为改变未来世界十大新科技之首[9]。其中的固体氧化物燃料电池（SOFC）是目前所有燃料电池中转换效率最高的，因为属于中高温燃料电池，不需使用贵重金属催化，具有成本优势[10]。因此，研究 SOFC 相关技术难点对缓解当今世界能源短缺和环境恶化具有重要意义，成为国际国内研究的热点[11~14]。

1.2 燃料电池发展历程

燃料电池（Fuel Cells）是一种避开燃烧过程而直接把燃料内的化学能转变为电能的设备，更精确的名称应为化学发动机[15,16]。与传统内燃机不同，燃料没有经过先燃烧释放热量再转化为机械能或电能，而是一种以化学反应的方式将燃料中储存的能量直接转为电能的装置，其能量转换效率不受卡诺循环的限制[17]；与普通电池（Battery）的区别在于，虽然二者都依赖于电化学原理工作，但燃料电池的活性物质是由外部输入，输出电时本身并不被消耗，而普通电池的容量是由其内部的活性物质总量决定。由于这种装置的结构和电池相近，均具有阴极、阳极和电解质等组成部分，因此俗称燃料电池。

燃料电池的发展始于 1839 年，英国科学家 Grove 首次用铂黑电极和硫酸电解质组装了世界上第一个燃料电池，即氢-氧燃料电池，输入氢气和氧气后，内部的化学能转化为电能[18]，是我们熟悉的水的电解反应的逆过程，如图 1.1 所示为一个简单的燃料电池示意图。

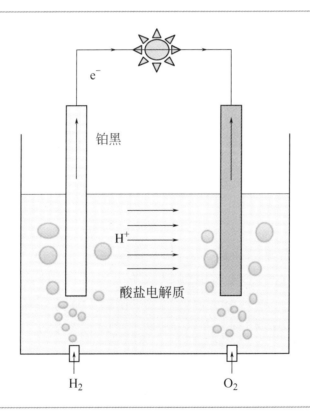

图 1.1　一个简单的燃料电池[18]

Figure 1.1　A simple device of fuel cell [18]

半个多世纪后，燃料电池装置走向实用化。1889 年，英国人 Mond 用工业煤气作燃料制造出电流密度为 0.2A/cm² 的燃料电池[18]。随后德国化学家 Ostwald 使用热力学理论，奠定了燃料电池的电化学理论基础[19]。

20 世纪 50 年代之后，燃料电池发展提速，英国科学家 Bacon 设计制造出了千瓦（kW）级的可供电焊使用的燃料电池，60～70 年代成功地为航天飞机和 Appollo 宇宙飞船提供电力，见图 1.2(a) 和（b），但由于造价昂贵，这个时期燃料电池只用于军事和航天领域[20]。

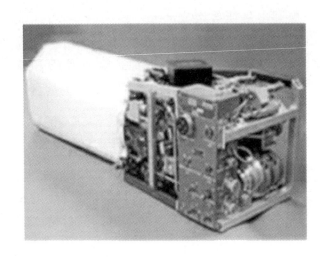 

(a) 用于航天飞机　　　　　　　　　　　　　　　(b) 用于 Apollo 飞船

图 1.2　燃料电池的运用实例[21]

Figure 1.2　Application examples of fuel cell[21]

20 世纪 80 年代以来，燃料电池的发展迈向了民用推广，应用在便携装置、分布式电站、交通工具等方面[18]。2000 年 5 月，Siemens-Westinghouse 电力公司在美国建成世界上第一台燃料电池发电站，功率达到 220kW，发电效率 58%，安全运行至今无故障[22]，如图 1.3 所示。

2007 年 General Motors 公司的一款雪弗兰汽车由燃料电池提供动力，它不排放任何尾气，其唯一的排放物就是水，燃料电池组由 440 块电池串联组成，电力输出可达 93kW，0～100km/h 的加速只要 12s，最高时速可达每小时 160km[23]，如图 1.4 所示。

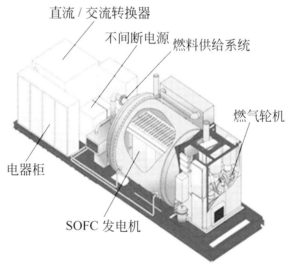

直流 / 交流转换器

不间断电源 燃料供给系统

燃气轮机

电器柜

燃气轮机

SOFC 发电机

图 1.3　西屋电力公司 220kW 燃料电池电站[22]

Figure 1.3　Westinghouse Electric Company 220kW fuel cell power plant[22]

　　燃料电池发展至今，出现了许多类型。按电解质材料的不同来划分，燃料电池可分为五大类：固体氧化物燃料电池（SOFC）、质子交换膜燃料电池（PEMFC）、熔融碳酸盐燃料电池（MCFC）、碱性燃料电池（AFC）和磷酸盐燃料电池（PAFC）[24]，每一种类型的燃料电池都有其各自的优缺点，分别应用于不同的领域。表 1.1 列出了它们的主要区别。

图 1.4　装备燃料电池的汽车[23]

Figure 1.4　Car equipped with fuel cells[23]

表 1.1　五类燃料电池的区别[24]

Table 1.1　The difference of 5 types fuel cells[24]

燃料电池类型	固体氧化物（SOFC）	质子交换膜（PEMFC）	熔融碳酸盐（MCFC）	碱性（AFC）	磷酸盐（PAFC）
电解质材料	Y_2O_3-ZrO_2	Nafion	Li_2CO_3-K_2CO_3	KOH	H_3PO_4
离子电荷载体	O^{2-}	H^+	CO_3^{2-}	OH^-	H^+
工作温度/℃	600～1000	80	650	60～220	200
燃料	H_2,CH_4,CO	H_2,CH_3OH	H_2,CH_4	H_2	H_2
氧化剂	O_2	O_2	O_2,CO_2	O_2	O_2
阳极材料	Ni/YSZ	Pt/C	Ni	Pt-Pd	Pt/C
阴极材料	Sr 掺杂 $LaMnO_3$	Pt/C	Li 掺杂 NiO	Pt-Au	Pt/C
连接体材料	$LaCrO_3$	石墨	Ni 涂覆无应力钢	Ni	玻璃炭
工作压力/atm①	1	1～5	1～3	1～10	1～8
主要应用范围	固定、移动电站，交通工具	电动汽车，潜艇	固定电站	飞行器	移动电站

① 1atm＝101325Pa。

1.3 固体氧化物燃料电池（SOFC）概述

固体氧化物燃料电池是燃料电池的一种，采用诸如掺杂氧化钇（Y_2O_3）的氧化锆（ZrO_2）之类的固态氧化物作为电解质，可以直接利用由化石能源、生物质能转化得到的碳氢化合物气体作为燃料，经过外部或内部重整反应和电极内的电化学反应，将燃料的化学能转化为电能。SOFC 除了具备一般燃料电池的高效率、低污染等优势外，还有如下几个特点[10]。

（1）燃料供应灵活

SOFC 可以使用各种碳氢燃料（H_2，CH_4，CO，汽油，天然气等），与 MCFC 和 PAFC 的燃料需求类似，而 AFC 和 PEMFC 则依赖高纯度氢气供应，氢气的压缩、储运都不容易解决且供应网络不成熟。

（2）高品质余热利用

燃料电池将燃料转为电能的同时会释放一部分热能，对于高温工作的 SOFC 和 MCFC 余热温度高，热电联供能量利用率可高达 80% 以上，而 PAFC、AFC 和 PEMFC 等低温燃料电池余热利用经济性不高。

（3）电池寿命长

SOFC 全固态结构，无电解质的蒸发与泄露问题，也不必考虑由液态电解质所引起的腐蚀和流失等问题，使用寿命较长，德国尤利希研究中心开发的一款高温燃料电池从 2007 年 8 月开始工作，目前已经连续工作超过 7 万小时，MCFC 也达到 4 万小时，而低温的 PEMFC 目前仅有 5000 小时寿命。

（4）电池成本低

通用公司的 SOFC 成本已降到 388 美元/kW，很接近火力发电机组的成本了，而 PEMFC 或 DMFC 因为需用贵金属催化剂和使用高纯度氢气，成本比较高，通用公司的 PEMFC 约 1500 美元/kW，MCFC 约 1715 美元/kW。

（5）开机时间长

因为高温运行，SOFC 需用加热才能使用，因此启动速度较慢，大型 SOFC 机组启动需数小时之久，而室温型的 AFC 和 PEMFC 都只要打开电源就可使用。

1.3.1 SOFC 基本原理

SOFC 具有"三明治"结构，由多孔阳极层-致密电解质层-多孔阴极层三层组成，其中电解质为固体氧化物材料。不同于普通化学反应，电池中的燃料气和氧化气并不直接接触，而是分别发生半电化学反应，二者空间上互相分隔，通过电极传输电子，通过电解质传输离子。整个工作过程主要有 6 个步骤：反应物输送到燃料电池、反应物在气道内传输、在电极与电解质交界面上发生电化学反应、离子和电子传导、生成物排出。

图 1.5 是 SOFC 电化学反应原理示意图，以氢氧反应为例，阴极一侧的反应可简单表述为：

$$0.5O_2 + 2e^- \longrightarrow O^{2-} \tag{1.1}$$

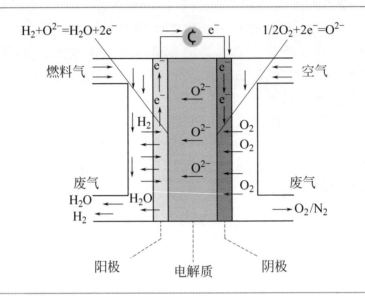

图 1.5　SOFC 电化学反应原理[15]

Figure 1.5　The principle of SOFC electrochemical reaction[15]

其电化学反应涉及的氧气存在于电极气孔中，电子通过电子导体相传输，而氧离子通过复合电极内的离子导体相传输。

氧离子通过致密电解质传导到阳极侧，并与氢气发生反应对外输出电子电流。

$$H_2 + O^{2-} \longrightarrow H_2O + 2e^- \tag{1.2}$$

其总反应可表示为

$$H_2 + 0.5O_2 \longrightarrow H_2O \tag{1.3}$$

由反应方程式可得，每消耗一个氢气分子就有两个电子绕外电路循环一圈。因此每消耗 1mol 氢气，在回路中传输的电荷总量为，

$$-2Ne = -2F \tag{1.4}$$

式中，N 表示阿伏伽德罗常数（表示每摩尔气体的分子数量）；e 为单位电子电量；F 为法拉第常数。若用 E_{Nernst} 表示 SOFC 的开路电压，则移动这些电子所做的电功为 $-2FE_{Nernst}$。

1.3.2　SOFC 常见类型

由于 SOFC 的全固态结构，因此在其结构与外形设计上可有多种选择，

可以根据不同的使用要求和所处环境进行设计。设计时应以性能可靠、便于放大和维修以及价格合理为原则。目前，常见的设计有平板式、管式和瓦楞式[25]。每种设计都各具特色，分别介绍如下。

（1）平板式 SOFC

平板式 SOFC 结构如图 1.6 所示，阳极、电解质、阴极形成三层平板式的结构。然后将双面刻有气道的连接板置于两个三层板之间，构成串联电堆结构，燃料气和氧化气垂直交叉从连接板上下两个面的气道中分别流过。

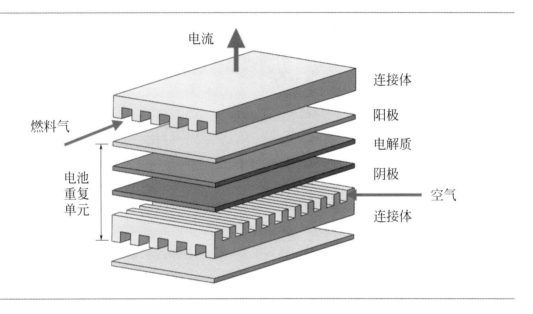

图 1.6　典型平板式 SOFC 结构[25]

Figure 1.6　The typical plannar SOFC structure[25]

平板式 SOFC 的优点是电池结构及制备工艺简单，成本低；电流通过连接体的路径短，电池输出功率密度较高，性能好。但是，其高温无机密封比较困难，由此导致了较差的热循环性能，影响平板式 SOFC 长期工作的稳定性。然而，随着 SOFC 运行温度的低温化，不锈钢等合金材料也可应用到连接体，这在一定程度上降低了对密封等其他材料的要求。

（2）管式 SOFC

管式 SOFC 最早是由美国西屋公司开发出来的，也是目前应用较成功的 SOFC 构型。其结构如图 1.7 所示。

该公司设计的结构是，阴极、电解质、阳极由内至外依次分布形成管式。管式 SOFC 相对于平板式 SOFC 的最大优势是单管组装简单，无需高温密封，可依赖自身结构分隔燃料气和氧化气在管的内外，而且易于以串联或并联的方式将各单管电池组装成大规模的燃料电池系统，在机械应力和热应力方面也比较稳定，但管式 SOFC 的电流沿着环形电极流动，电流的传输路径长，

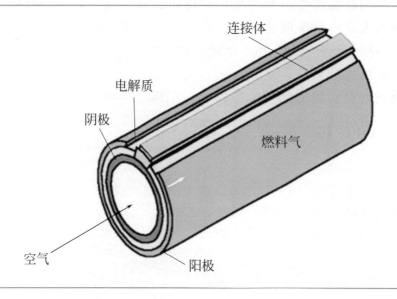

图 1.7　管状 SOFC 结构[25]

Figure 1.7　The tubular SOFC structure[25]

导致电池的欧姆损耗较大，功率密度偏低[15]。

（3）瓦楞式 SOFC

瓦楞式 SOFC 与平板式 SOFC 在结构上相似，主要区别在于瓦楞式 SOFC 将三合一的夹层平板结构（PEN 板）板制成了瓦楞型，瓦楞式 SOFC 自身就可以形成所需的气体通道，无需像平板式 SOFC 那样在连接体两侧刻有气道，如图 1.8 所示。

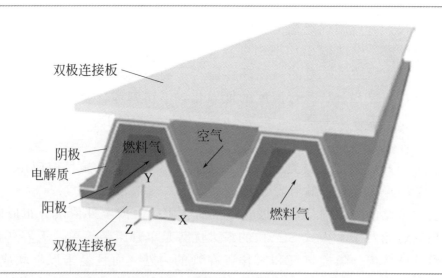

图 1.8　瓦楞式 SOFC 结构[25]

Figure 1.8　The corrugated SOFC structure[25]

更有利的是瓦楞式SOFC无需支撑结构，体积小、重量轻，有效反应面积比平板式大，内阻小，电池输出功率密度及效率均得到一定提升，且无需采用高温封接，结构牢固、可靠性高。然而，由于电解质陶瓷材料本身脆性较大，其瓦楞式结构使得制备工艺要求非常高，一次烧结成型存在一定的难度，目前尚处在实验阶段[26]。

1.3.3 SOFC部件材料

（1）电解质材料

固体电解质是SOFC结构中最重要的部件，承担着氧离子传递、分离空气与燃料以及防止电子穿透的作用，其性能优劣直接影响整个电池的能量转换效率，并决定电极材料的选择。

常用的SOFC电解质材料有氧化钇掺杂的氧化锆（YSZ）[27]。

（2）电极材料

电极由多孔电极和其表面的催化剂层组成，多孔状电极有利于物质扩散，催化剂可加速分解燃料或氧气。

如果SOFC的电解质材料采用YSZ，与之匹配的阳极采用$50\sim100\mu m$厚的Ni-YSZ，其中Ni是阳极催化剂，阴极材料则用镧锶锰LSM[28]。

（3）连接体材料

连接体保障了相邻两个单电池之间的电路畅通，并分隔燃料及空气，亦起到了传导热量的作用。

SOFC常使用高温导电陶瓷材料，如掺杂铬酸镧钙钛矿氧化物[29]，也有采用合金材料的[30]。

（4）密封材料

密封材料分隔氧气与燃料，防止燃料渗漏，结合不同组件，保证彼此的绝缘性。SOFC密封材料分压实型和黏结型两类。比较常用的是云母及云母基复合材料[31]。

1.4 管式 SOFC 研究现状

1.4.1 管式 SOFC 发展综述

回顾 SOFC 的发展历程和研究成果，管式 SOFC 是最为接近实用化的 SOFC 构型，其在电能输出的稳定性、长时间抗劣化衰减，抗热应力破坏三个方面具有明显的优势，但电功率密度尚不及板式 SOFC[32]。对管式 SOFC 的研发主要集中在以美国、日本和欧洲为代表的一些发达国家，其中美国开展管式 SOFC 的研究最早[33]。

自 20 世 60 年代起，美国西屋公司对管式 SOFC 展开研究，至 1992 年，西屋公司成功将两台 20kW 的管式 SOFC 在日本投入运行[22]，之后的 1998 年，西门子公司合并了西屋公司的电池部门，共同研究管式 SOFC，其设计使用多孔阴极管，以挤出烧结方式制作，管长 1.8m，壁厚度 2mm，管外径 22mm，管中间 1.5m 区域，以电化学气相沉降法（ECVD）镀上氧化锆电解质，然后用等离子喷涂法镀上导电连接头，最后以浸镀法将阳极陶瓷浆料涂上，管与管之间以镍毡连接，形成电堆。该型电堆输出电功率密度为 $200mW/cm^2$，长期运行衰减率不足 0.1%，其性能优异，证明了管式 SOFC 的可行性[32]，但电化学气相沉降法（ECVD）技术价格昂贵。

西门子-西屋公司随后针对过于昂贵的 ECVD 技术改进，找到替代的镀膜技术，采用低成本的挤出成型和浆料涂敷工艺，同时也将管子断面形状改进，推出一种新型的扁管固体氧化物燃料电池的结构，内部放入 4 个支撑肋[34]，如图 1.9 所示。

扁管 SOFC 较之圆管式 SOFC 具有以下改进：

① 扁平管减少了管与管之间的空间间隔，增加了体积功率；

② 由于肋条已隔出空气通道，无需再安装氧化铝导管；

③ 缩短了电流路径长度并增加了电流路径的截面积，可降低电池欧姆电阻、增加了输出功率[35]。

管式 SOFC 根据管直径的尺寸，可分为大管式 SOFC（管径≥10mm）、小管式（管径<10mm 且≥2mm）和微管式 SOFC（管径≤2mm）。传统大管面临的一些技术问题，如加快启闭速度、降低运行温度等，可以通过管的微型化结构来解决。研究发现当单电池直径小到毫米级或亚毫米级，会显现出很多优点：表面增大，使传质效率和体积功率密度提高，使得升降温速率大大提高，壁厚与直径之比增大，机械性能得到加强[33]。

微管式 SOFC 的出现突破了传统大管式 SOFC 只适于作固定电站的局限，

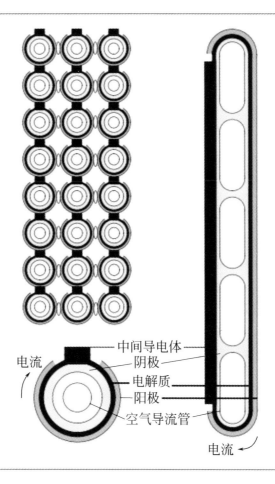

电流

中间导电体
阴极
电解质
阳极
空气导流管

电流

图 1.9　扁管 SOFC 结构[34]

Figure 1.9　The flat-tube SOFC structure[34]

在便携性和移动性方面开辟了广阔的应用空间，比如，车辆动力电源、不间断电源、便携电源、航天器电源、移动充电电源、电动工具电源、野外施工电源等[32,33,36,37]。美国 AMI（Adaptive Materials Inc.）研发的便携式微管 SOFC 电池系统利用高分子基配方，挤出阳极反应管，使用丙烷燃料，能够提供 1kWh/kg 的电能，10 倍于锂电池的表现，目前供应美国军方使用[34,35]。日本的 AIST（National Institute of Advanced Industrial Science and Technology）研究中心和 TOTO 公司也致力于管式 SOFC 电堆的研发设计，在 2003 年，设计出陶管长 0.5m，外径 6mm 的管型电堆，之后在 2007 年设计出小至 1.0mm 外径的微管型电堆[38]。与此同时，欧盟及其成员国开始联合欧洲优势力量，相继实施了"SOFC600 计划"、"Real SOFC 计划"、"先进燃料电池计划"、"新能源和可再生能源计划"及"欧洲十年，燃料电池研究发展和演示规划"等多个大型项目，致力于 SOFC 的基础研究和技术开发，预计在 2018 年左右，欧盟将实现 SOFC 发电系统从千瓦级到兆瓦级的跨越[39,40]。

与发达国家相比，我国对 SOFC 的研究起步较晚，始于"八五"期间，其技术水平和产业化进程仍处于较落后阶段。1995 年，我国政府首次将燃料电池技术纳入"新能源和可再生能源发展优先项目"之中，并在"九五"计划至"十二五"计划中把 SOFC 发电技术列为重点研究课题，主要包括 SOFC 材料选取、电池的制备、电堆组装和密封以及发电系统设计等一系列研究。在此期间，国家培育出了一大批具有自主开发能力的科研院所，如：上海硅酸盐研究所、大连化学物理所、清华大学、华中科技大学（华科）、中国科学技术大学等。这些院所经过多年的努力，在 SOFC 关键材料、电池片制作以及电堆的组装和密封方面积累了大量的经验，获得了丰硕的成果，并具备了一定规模化生产的条件。2010 年 9 月，华科自主研发的千瓦级 SOFC 独立发电系统试验成功，意味着国内首台 SOFC 发电系统的诞生，并在 2015 年，研制出 5kW 级 SOFC 电堆。华科正在积极开发具有更优结构与效率的二代独立发电系统。2013 年，大连化学物理所进行了管式 SOFC 发电试验，完成了 3kW 电池堆的组装运行[13,25,41]。

1.4.2　管式 SOFC 数值计算综述

随着数学方法的发展和计算机硬件的有力配合，使得许多无法用理论分析求解的复杂工作过程通过数值模拟成为可能，同时那些实物制作昂贵、耗时且不能全面细致研究各材料参数、结构和工作条件影响的工程问题也适用。

众所周知，包括燃料电池在内的任何一种能源转化过程都是极其复杂的多学科知识体系相互交叉的应用，涉及动量传递、传热、传质及导电多种物理过程。SOFC 的核心，能量转化基础（化学能-电能）主要依赖于电化学的反应动力学，但其发电设备工作时始终不可缺少传热、传质及导电过程，建立 SOFC 全面的数学模型非常困难。

1985 年 Wepfer 最早建立了管式 SOFC 的二维数学模型，但该模型并没有考虑传热的影响[42]。1991 年 Ahmed 建立的 SOFC 的模型是基于电池单元内的能量、质量平衡，电池流道中的流动假设为简单的层流，在传热方面仅考虑了对流换热的影响，忽略了热传导，极化方面仅考虑欧姆极化损失[43]。1996 年 Norman 等建立的管式 SOFC 的有限元模型，采用独立的电化学模型和热力学模型分别进行模拟[44]。2001 年 Campanari 建立了甲烷内部重整管式 SOFC 电池堆的半经验数学模型，但模型对电极、电池内部气体流动都部分采用了实验数据和经验参数代替，缺乏对电池内部物理、化学现象的细节描述[45]。2003 年 Li 等建立的管式 SOFC 模型考虑了电池的实际几何结构和主要的极化损失，但忽略了氧气在多孔电极内的扩散过程[46]。2008 年 Izzo 建立的管式 SOFC 模型，其中使用 Dusty-Gas 模型描述了气体的质量扩散过程，并模拟计算了电池的各种极化损失，其模型基于的假设是气体流速沿轴向均匀分布，电流密度沿着长度方向均匀分布且为定值，电化学反应只发生在电极和电解质层的界面上，忽略了能量平衡和阴极气体的质量传递影响[47]。

2010年前这个阶段的SOFC数值模型主要描述在电池中的质量、动量、能量、组分以及带电粒子的传递过程，大多数假设流动为层流，热物性参数设为常数，边界条件假设为绝热，没有考虑多孔电极中气体流动与反应热对组分传递的影响，在电化学方面也做了简化处理。电化学反应是SOFC的核心反应，它直接影响到电流密度、电压和功率输出等重要电池性能参数，为了更加全面准确地反映电池内部的各种物理化学现象，应建立起电池的综合全面模型，详细描述电池内部的电化学反应与质量、动量、能量、组分守恒和质子电子传递方程的多物理场耦合关系，于是之后的科研工作者们开始进入SOFC的多物理场耦合的完整电池性能分析阶段。

2010年，Martin等综合考虑热量、组分扩散、动量、电子和离子传输以及内部重整和电化学反应等多种因素，综合了电极内的活化区域和堆内温度分布随入口温度变化的情况，首次将电化学反应区域扩展至三维空间，即由阳极反应区域、电解质和阴极反应区域组成的活化区域，同时考虑了微观结构对电子、离子电导率的影响[48]。2012年，Wen等在其之前所做SOFC单电池一维模拟基础上扩展了尺度，在模型中加入了复合电极结构，使电化学反应产生的热量与传输过程消耗的热量尽量相平衡，以期得到最大净功率密度[49]。2013年，Djamel等建立的SOFC模型，针对阳极支撑型固体氧化物燃料电池（AS-SOFC）和电解质支撑型固体氧化物燃料电池（ES-SOFC）进行热流场模拟分析，他们得出两个结论：①高温工况下总热源对电池内部热流分布影响不大；②当不考虑热源影响时，AS-SOFC和ES-SOFC内的热流分布基本相同，加入热源后，ES-SOFC内的温度差比AS-SOFC高出$10\sim20K$[50]。

在近五年的研究中，通过管式SOFC堆结构优化设计来提高电堆性能和整体寿命越来越成为研究热点[50~63]。Peksen等针对一种特定的平板式SOFC建立多物理场耦合的模型来预测电堆在加热过程所引起的热应力[58]。Chyou等对平板式SOFC堆建立的传热模型，采用交叉燃料与空气的布置型式，计算结果显示气流分布是决定在一个电堆内温度和电化学反应分配的一个非常重要的因素[64]。D. Yan等在平板式SOFC堆研究中建立数值模型，并结合结果优化了相应的参数[65]。也有学者在特定的平板式SOFC堆建立模型研究不同形状连接体对气流分布的影响，得出连接体的优化设计形状[56]。数值模拟和优化的方法目前已被广泛应用在平板式SOFC堆设计中，也普遍认为是一个准确和有效的方法。然而，文献中还罕有对管式SOFC堆的空气流动路径的三维CFD（Computational Fluid Dynamics，计算流体动力学）分析和优化的报道。

在 SOFC 堆的设计中，电堆的流场结构直接影响电池的传质阻力，与电极的浓差极化和活化极化密切相关。电堆中气体在层间和层内流动所涉及的流场和温度场分布问题，通常在实验室条件下难以实现，同时，也受到现有制造技术水平限制，所以，如何合理设计流场结构，以优化电堆性能，成为电堆设计和研究的一个难点。

1.5 主要研究内容

近年来，随着管式 SOFC 的中低温化和电解质薄膜化趋势，人们研究的焦点从最初的电解质支撑逐步转向了电极支撑，即阴极支撑管式 SOFC 和阳极支撑管式 SOFC。目前，在现有的文献中大量关于阴极支撑管式 SOFC，而对阳极支撑管式 SOFC 的研究非常少见，然而已有相关研究数据显示，阳极支撑管式 SOFC 通过合理设计也可能表现出良好的性能。因此，有必要对管式 SOFC 这两种电极支撑结构作进一步的对比分析，目前在已有的文献中还没有二者性能对比的深入研究，需要进一步去研究分析管式 SOFC 两种电极构型各自的性能优劣。

目前 SOFC 遇到的技术难题是，当许多高性能的单电池组成大规模电堆时却往往性能不佳而且持续时间短，如果燃料或空气在电堆内分布严重不均匀，会造成单电池的过载，进而可能导致整个电堆作为一个整体的性能退化甚至供电失效。因此，保持燃料或空气均匀输入，即负载和电流均匀，对电堆整体性能提升及延长寿命必不可少。同时随着 SOFC 的进一步发展还面临着功率密度不断提高的同时如何减少由于温度的不均匀性而加剧的热应力问题。解决的方法是合理布置气道，利用电堆内的空气流量在单电池表面和堆内各个单元之间合理流动去消除发热点，所以设计优化电堆气道结构对电堆的性能非常重要。

本书致力于深入研究上述两方面问题，通过建立管式 SOFC 单电池和电堆的跨尺度多物理场耦合的模型，基于有限元方法数值求解，以获得管式 SOFC 两种电极支撑性能比较和电堆气道结构的优化设计，具体研究内容如下。

（1）建立了一个较为全面完整的多物理场耦合管式 SOFC 模型。模型中考虑连接体与电极间的接触电阻，耦合电子导电过程、离子导电过程、气体输运过程以及电化学反应等过程。对阳极支撑 SOFC 和阴极支撑 SOFC 分别从气体浓度分布、电势分布、运行温度、电导率、孔隙率、输出电压以及接触电阻等方面进行对比分析，得出单电池电极构型设计中各参数对电池性能的影响。

（2）以电极构型的比较分析结果为依据，选择管式 SOFC 堆的优化方向。建立一个较为全面的多单元管式 SOFC 堆模型。分析比较多种设计方案中电堆内单元表面和单元间的空气流动路径和空气分配质量，分析电堆设计方案的计算结果，找到电堆的空气流量分布质量进一步改善的方向，探索更好的空气流动路径配置方案。

（3）在管式 SOFC 电极构型和电堆流场研究的基础上，寻找限制现有管式电堆性能提升的关键因素，尝试新的解决方法，实现对传统管式 SOFC 电池和电堆设计的突破，经过计算，给出可行的优化方案，提升管式固体氧化物燃料电池的性能。

第 **2** 章

管式SOFC多物理场耦合理论基础及数值模型

SOFC 是一个典型的以三传一反与混合导电过程为核心的发电装置，其中传热、传质、动量传递、电化学反应和离子电子混合导电等多物理场相互耦合作用。因此，对其理论深入理解是建立准确而完整的 SOFC 数值模型的基础。

2.1 SOFC 的数值计算理论基础

2.1.1 SOFC 的理想电压

固体氧化物燃料电池产生的电能来源于燃料的化学能。由热力学定律推导可得，在等温等压过程中，SOFC 输出的最大电能（所做的最大非体积功）等于其 Gibbs 自由能的减少。因此 SOFC 的开路电压（理想最大电压）即 Nernst 势为[66]

$$E_{\text{Nernst}} = -\frac{\Delta G(T, P)}{2F} \tag{2.1}$$

摩尔 Gibbs 自由能 G 与摩尔焓 H 和摩尔熵 S 的关系为[67]

$$G(T, P) = H(T, P) - TS(T, P) \tag{2.2}$$

摩尔焓和摩尔熵都可以表示为温度 T 和压强 P 的全微分形式为

$$dH(T, P) = \left(\frac{\partial H}{\partial T}\right)_P dT + \left(\frac{\partial H}{\partial P}\right)_T dP = C_P dT + \left(\frac{\partial H}{\partial P}\right)_T dP \tag{2.3}$$

$$dS(T, P) = \left(\frac{\partial S}{\partial T}\right)_P dT + \left(\frac{\partial S}{\partial P}\right)_T dP = \left(\frac{\partial S}{\partial T}\right)_P dT - \left(\frac{\partial V}{\partial T}\right)_P dP \tag{2.4}$$

摩尔焓还可以表示为摩尔熵 S 和压强 P 的全微分形式

$$dH(S, P) = TdS + VdP \tag{2.5}$$

方程（2.4）带入方程（2.5）可得

$$dH(T, P) = T\left(\frac{\partial S}{\partial T}\right)_P dT + \left[V - T\left(\frac{\partial V}{\partial T}\right)_P\right]dP \tag{2.6}$$

对比方程（2.6）与方程（2.3）可得

$$C_P = T\left(\frac{\partial S}{\partial T}\right)_P \tag{2.7}$$

$$\left(\frac{\partial H}{\partial P}\right)_T = V - T\left(\frac{\partial V}{\partial T}\right)_P \tag{2.8}$$

$$dH(T, P) = C_P dT + \left[V - T\left(\frac{\partial V}{\partial T}\right)_P\right]dP \tag{2.9}$$

把方程（2.7）带入方程（2.4）可得

$$dS(T, P) = \frac{C_P}{T}dT - \left(\frac{\partial V}{\partial T}\right)_P dP \tag{2.10}$$

根据理想气体状态方程 $PV=nRT$，方程（2.9）和方程（2.10）变为

$$\mathrm{d}H(T,P)=C_P\mathrm{d}T \tag{2.11}$$

$$\mathrm{d}S(T,P)=\frac{C_P}{T}\mathrm{d}T-\frac{R}{P}\mathrm{d}P \tag{2.12}$$

式中　R——气体常数；

　　　F——法拉第常数；

　　　T——系统的温度；

　　　P——系统的压强；

　　　V——系统的体积；

　　　C_P——气体的定压摩尔热容量。

方程（2.11）和方程（2.12）对温度和压强积分可得

$$H(T,P)=H(T_0,P_0)+\int_{T_0}^{T}C_P\mathrm{d}T \tag{2.13}$$

$$S(T,P)=S(T_0,P_0)+\int_{T_0}^{T}\frac{C_P}{T}\mathrm{d}T-R\ln\left(\frac{P}{P_0}\right) \tag{2.14}$$

式中　T_0 和 P_0——分别是标况下的温度和压强，$T_0=298.15\mathrm{K}$，$P_0=101\mathrm{kPa}$。

方程（2.13）和方程（2.14）带入方程（2.2）可得

$$G(T,P)=H(T_0,P_0)+\int_{T_0}^{T}C_P\mathrm{d}T-TS(T_0,P_0)-T\int_{T_0}^{T}\frac{C_P}{T}\mathrm{d}T+TR\ln\left(\frac{P}{P_0}\right) \tag{2.15}$$

以氢气与氧气反应生成水（$H_2+0.5O_2 \Longrightarrow H_2O$）为例，计算 SOFC 的 Nernst 势。氢气与氧气反应生成水，此反应的摩尔 Gibbs 自由能的变化为

$$-\Delta G(T,P)=G_{H_2}(T,P)+0.5G_{O_2}(T,P)-G_{H_2O}(T,P) \tag{2.16}$$

方程（2.16）带入方程（2.1）可得

$$
\begin{aligned}
E_{\mathrm{Nernst}} &= -\frac{\Delta G(T,P)}{2F}=\frac{G_{H_2}(T,P)+0.5G_{O_2}(T,P)-G_{H_2O}(T,P)}{2F}\\[2mm]
&= \frac{H_{H_2}(T_0,P_0)+\int_{T_0}^{T}C_P^{H_2}\mathrm{d}T-TS_{H_2}(T_0,P_0)-T\int_{T_0}^{T}\frac{C_P^{H_2}}{T}\mathrm{d}T+TR\ln\left(\frac{P_{H_2}}{P_0}\right)}{2F}+\\[2mm]
&\quad \frac{H_{O_2}(T_0,P_0)+\int_{T_0}^{T}C_P^{O_2}\mathrm{d}T-TS_{O_2}(T_0,P_0)-T\int_{T_0}^{T}\frac{C_P^{O_2}}{T}\mathrm{d}T+TR\ln\left(\frac{P_{O_2}}{P_0}\right)}{2F}+\\[2mm]
&\quad \frac{H_{H_2O}(T_0,P_0)+\int_{T_0}^{T}C_P^{H_2O}\mathrm{d}T-TS_{H_2O}(T_0,P_0)-T\int_{T_0}^{T}\frac{C_P^{H_2O}}{T}\mathrm{d}T+TR\ln\left(\frac{P_{H_2O}}{P_0}\right)}{2F}\\[2mm]
&= -\frac{\Delta G(T,P_0)}{2F}+\frac{RT}{2F}\ln\left(\frac{P_{H_2}}{P_{H_2O}}\right)+\frac{RT}{4F}\ln\left(\frac{P_{O_2}}{P_0}\right)
\end{aligned}
$$

$$= E_{\text{Nernst}}^0 + \frac{RT}{2F}\ln\left(\frac{P_{\text{H}_2}}{P_{\text{H}_2\text{O}}}\right) + \frac{RT}{4F}\ln\left(\frac{P_{\text{O}_2}}{P_0}\right) \tag{2.17}$$

式中　E_{Nernst}^0——标准 Nernst 势；

　　　　C_P^i——物质 i 的恒压摩尔热容。

C_P^i 可以表示为[67]，

$$C_P^i = a_i^1 + a_i^2 T + a_i^3 T^2 \tag{2.18}$$

式中，a_i^1，a_i^2，a_i^3 分别为摩尔热容的系数。

氢气、氧气和水的摩尔热容的系数和标况下（101kPa，0℃）的摩尔生成焓和熵如表 2.1 所列。

根据方程（2.17）和方程（2.18）并结合表 2.1 中所列参数，我们很容易地计算出各种温度和压强下的 Nernst 电势。

表 2.1　摩尔热容的系数和标况下的摩尔生成焓和熵[68]

Table 2.1　The molar heat capacity coefficient and standard

molar enthalpy and entropy of formation[68]

气体种类	a_i^1	a_i^2	a_i^3	$H/(\text{J} \cdot \text{mol}^{-1})$	$S/(\text{J} \cdot \text{mol}^{-1} \cdot \text{K}^{-1})$
H_2	29.09	0.836	-0.3265	0	130.684
H_2O	30	10.7	-2.022	-241818	188.825
O_2	36.16	0.845	-0.7494	0	205.138

2.1.2　SOFC 的伏安特性

伏安特性是 SOFC 的基本性能，表示不同电流负荷下 SOFC 的输出电压大小。由于在实际应用中，存在各种不可避免的损耗，实际 SOFC 的输出电压总比理想的开路电压（Nernst 电势）要低。SOFC 的损耗主要有三种[69]：

① 欧姆损耗（由电池内离子、电子传导过程引起的损耗）；

② 活化损耗（由电化学反应过程引起的损耗）；

③ 浓度损耗（由质量传输过程引起的损耗）。

SOFC 实际的工作电压（V_{op}）低于其理想电压，V_{op} 可以用下式来计算[70]，

$$V_{\text{op}} = E_0 - \eta_{\text{ASR}}^{\text{an}} - \eta_{\text{conc}}^{\text{an}} - \eta_{\text{act}}^{\text{an}} - \eta_{\text{ohm}}^{\text{an}} - \eta_{\text{ohm}}^{\text{el}} - \eta_{\text{ohm}}^{\text{ca}} - \eta_{\text{act}}^{\text{ca}} - \eta_{\text{conc}}^{\text{ca}} - \eta_{\text{ASR}}^{\text{ca}} \tag{2.19}$$

式中　　　　　E_0——Nernst 电势；

　　$\eta_{\text{ASR}}^{\text{an}}$ 和 $\eta_{\text{ASR}}^{\text{ca}}$——分别为阳极和阴极与连接体间接触电阻所引起的欧姆极化；

η_{conc}^{an} 和 η_{conc}^{ca} ——分别为由于气体物质通过多孔电极由于输运阻力而产生的阳极和阴极浓差极化；

η_{act}^{an} 和 η_{act}^{ca} ——分别为由于电化学反应势垒而产生的阳极和阴极活化极化；

η_{ohm}^{an}，η_{ohm}^{el} 和 η_{ohm}^{ca} ——分别为由于电极或电解质的欧姆电阻而产生的欧姆极化。

以上三种损耗影响了燃料电池伏安特性曲线，如图 2.1 所示。活化损耗主要体现在初始部分，欧姆损耗的影响在中间部分有所体现，由质量传输引起的浓度损耗在曲线末端体现得比较显著。

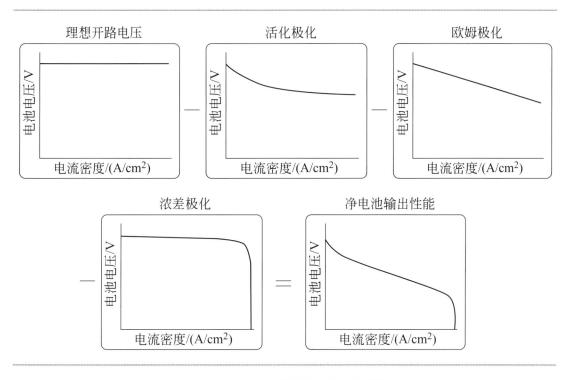

图 2.1　SOFC 的伏安特性曲线[69]

Figure 2.1　The V-I characteristic curve of SOFC[69]

2.1.3　动量、能量、质量守恒方程

（1）动量守恒方程

Navier-Stokes 方程可用来描述 SOFC 中燃料气道内和空气气道内的动量传递过程。Navier-Stokes 方程和连续性方程相结合可表示为[67]

$$(\rho u \cdot \nabla)u = -\nabla p + \nabla \cdot \left[\mu(\nabla u + (\nabla u)^T) - \frac{2}{3}\mu(\nabla \cdot u)I\right]\nabla(\rho u) \quad (2.20)$$

$$\nabla \cdot (\rho u) = 0 \quad (2.21)$$

式中　ρ ——密度；

I ——单位矩阵；

μ ——流体的黏滞系数，可表示为

$$\mu = \sum_{i=1}^{m} \frac{x_i \mu_i}{\sum_{j=1}^{m} x_j \Phi_{ij}} \tag{2.22}$$

式中 m ——流体中组分的个数；

Φ_{ij} ——个无量纲的数。

$$\Phi_{ij} = \frac{1}{\sqrt{8}} \left(1 + \frac{M_i}{M_j}\right)^{-0.5} \left[1 + \left(\frac{\mu_i}{\mu_j}\right)^{0.5} \left(\frac{M_i}{M_j}\right)^{0.25}\right]^2 \tag{2.23}$$

式中 $\mu_i(\mu_j)$ ——物质 i （j）的黏滞系数，可以根据 Sutherland 公式得到。

$$\mu_i = \mu_{ref} \frac{T_{ref} + C_{ref}}{T + C_{ref}} \left(\frac{T}{T_{ref}}\right)^{1.5} \tag{2.24}$$

式中 μ_{ref} ——在参考 T_{ref} 的参考黏滞系数，Pa·s；T 和 T_{ref} 的单位为 K；

C_{ref} ——Sutherland 常数。

多孔电极中的质量运输可以使用 Brinkman 方程来描述。Brinkman 方程扩展了 Darcy 定理考虑了黏滞流的贡献。Brinkman 方程结合连续性方程可表示为，

$$\frac{\mu}{k}u = -\nabla p + \nabla \cdot \frac{1}{\varepsilon}\left[\mu(\nabla u + (\nabla u)^T) - \frac{2}{3}\mu(\nabla \cdot u)I\right] \tag{2.25}$$

式中 k 是渗透率，可以表示为

$$k = \frac{\varepsilon^3}{45(1-\varepsilon)^2} r_{el}^2 \tag{2.26}$$

（2）能量守恒方程

准确地预测 SOFC 内部的温度场分布不仅是优化电池性能的基础，同时也是缓解由于高温引起的结构热应力的前提。因此必须要考虑能量守恒方程，进而考虑温度对 SOFC 性能的影响。

在流体区域热传导和热对流必须同时考虑，可以用方程表示为[71]

$$\nabla \cdot N_T = \nabla \cdot (-k_f \nabla T + C_f C_p T u) = Q \tag{2.27}$$

式中 C_f ——流体的摩尔浓度（对于燃料 $C_f = C_{H_2} + C_{H_2O}$，对于空气 $C_f = C_{O_2} + C_{N_2}$）；

C_p ——流体的摩尔热容，可以表示为

$$C_p = \sum_i x_i C_p^i \tag{2.28}$$

式中，C_p^i 是物质 i 的摩尔热容，可以表示为

$$C_p^i = a_i^1 + a_i^2 T + a_i^3 T^2 \tag{2.29}$$

式中，a_i^1，a_i^2 和 a_i^3 都是常数。

k_f 是流体的热导率，可以表示为

$$k_f = \sum_{i=1}^{n} \frac{x_i k_i}{\sum\limits_{j=1}^{n} x_j A_{ij}} \tag{2.30}$$

式中 A_{ij} 的表达式为

$$A_{ij} = \left[1 + \left(\frac{\mu_i}{\mu_j} \right)^{0.5} \left(\frac{M_j}{M_i} \right)^{0.25} \right]^2 \times \left[8 \times \left(1 + \frac{M_i}{M_j} \right) \right]^{-0.5} \tag{2.31}$$

k_i 为物质 i 的热导率，可以写为

$$k_i = b_i^1 + b_i^2 T + b_i^3 T^2 \tag{2.32}$$

式中，b_i^1，b_i^2 和 b_i^3 是常数。

对于固体区域，只需要考虑热传导，热传导可以表示为

$$\nabla \cdot N_T = \nabla \cdot (-k^{\text{eff}} \nabla T) = Q \tag{2.33}$$

式中 Q 是热源，有效热导率 k^{eff} 的表达式为

$$k^{\text{eff}} = \varepsilon k_f + (1 - \varepsilon) k_s \tag{2.34}$$

式中　k_f 和 k_s——分别是流体和固体的热导率。

SOFC 中的热源可以简单地分为欧姆热源 Q_{ohm}，活化热源 Q_{act} 和熵热源 Q_{entr}[67]。

由欧姆极化引起的欧姆热源 Q_{ohm} 可以表示为

$$Q_{\text{ohm}} = \frac{i_{\text{el}}^2}{\sigma_{\text{el}}} + \frac{i_{\text{io}}^2}{\sigma_{\text{io}}} \tag{2.35}$$

由活化极化引起的活化热源 Q_{act} 可以表示为

$$Q_{\text{act}} = i_{\text{io}} \eta_{\text{act}} \tag{2.36}$$

由电化学反应引起的熵变热源 Q_{entr} 可以表达为

$$Q_{\text{entr}} = i_{\text{io}} \left(-\frac{T \Delta S}{2F} \right) \tag{2.37}$$

（3）质量守恒方程

对于 SOFC 来说，在典型燃料气体和工作条件下，电极中的孔直径的分布范围为 $0.2 \sim 1 \mu\text{m}$，分子自由程具有 $0.2 \mu\text{m}$ 的量级。目前 Dusty-Gas 模型是 SOFC 多孔电极质量传输最准确的模型。Dusty-Gas 模型的摩尔形式如式（2.38）所示

$$\frac{N_i}{D_{iK}^{\text{eff}}} + \sum_{j=1}^{n} \frac{x_j N_i - x_i N_j}{D_{ij}^{\text{eff}}} = -\frac{1}{RT} \left(p \nabla x_i + x_i \nabla p + x_i \nabla p \frac{k p}{D_{iK}^{\text{eff}} \mu} \right) \tag{2.38}$$

式中　　　N_i——物质 i 的总摩尔流量；

x_i $(= c_i / c_{\text{tot}})$ ——物质 i 的摩尔分数；

c_i——物质 i 的摩尔浓度；

c_{tot}——混合物的摩尔浓度；

R——气体常数，T 是绝对温度；

p——气体总压强；

μ——黏滞系数；

D_{iK}^{eff}——物质 i 的有效 Knudsen 扩散系数；

D_{ij}^{eff}——物质 i 与物质 j 的二元扩散系数[67]；

k——渗透率，可以表示为

$$k = \frac{\varepsilon^3}{45\ (1-\varepsilon)^2} r_{el}^2 \tag{2.39}$$

D_{ij}^{eff} 的计算表达式为

$$D_{ij}^{eff} = \frac{\varepsilon}{\tau} \frac{3.198 \times 10^{-8} T^{1.75}}{p\ (\nu_i^{1/3} + \nu_j^{1/3})^2} \left(\frac{1}{M_i} + \frac{1}{M_j}\right)^{0.5} \tag{2.40}$$

D_{iK}^{eff} 的计算表达式为

$$D_{iK}^{eff} = \frac{\varepsilon}{\tau} \frac{2}{3} r_g \sqrt{\frac{8RT}{\pi M_i}} \tag{2.41}$$

r_g 是孔的半径，如果假设平均孔的半径等于水力半径，那么 r_g 可以表示为：

$$r_g = \frac{2}{3} \frac{\varepsilon}{1-\varepsilon} \frac{1}{\phi_{el}/r_{el} + \phi_{io}/r_{io}} \tag{2.42}$$

式中　ε——孔隙率；

τ——曲率因子；

M_i——物质 i 的摩尔质量；

r_{el}——导电子颗粒半径；

r_{io}——导离子颗粒半径；

ϕ_{el}——导电子相体积分数；

ϕ_{io}——导离子相体积分数。

2.2　管式 SOFC 多物理场耦合数值模型

2.2.1　电化学模型

（1）电池工作过程描述

图 2.2 给出了一个具有梯度电极结构的阳极支撑型 SOFC，主要由 5 层组成：

　　a. 具有较大 Ni 和 YSZ 颗粒的多孔复合阳极支撑层；

　　b. 具有较细 Ni 和 YSZ 颗粒的多孔复合阳极间隙层；

　　c. 致密的 YSZ 电解质层；

　　d. 具有细 LSM 和 YSZ 颗粒的多孔复合阴极间隙层；

　　e. 具有较大 LSM 颗粒的多孔单相阴极电流收集层。

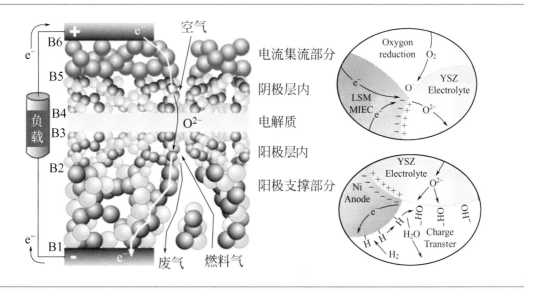

图 2.2　阳极支撑型 SOFC 工作过程示意图[70]

Figure 2.2　The schematic diagram of working process of anode supported SOFC[70]

我们将导离子相、导电子相和气相同时存在的位置（如 LSM＋YSZ＋气孔或 Ni＋YSZ＋气孔），定义为三相线位置。复合电极的多组分性质必然在结构内部产生大量的三相线长度（TPBs）[70]。

在图 2.2 中，黑色和亮色颗粒分别代表电极材料颗粒和电解质材料颗粒，右侧从上到下为相应的阴极电化学反应和阳极电化学反应。在阴极一侧，氧气通过多孔阴极电流收集层的气孔路径从空气气道传导至阴极间隙层的三相线位置。并在阴极反应位置上与通过阴极内电子传导路径（通过 LSM）传导过来的电子发生电化学反应生成 O^{2-}。产物 O^{2-} 通过阴极间隙层和致密电解质层内的离子传导相（通过 YSZ）被传导到阳极间隙层的 Ni－YSZ－气孔三相反应位置。在阳极三相反应位置与通过阳极气孔路径从燃料气道传输进来的燃料（例如 H_2）反应。部分产物 H_2O 又通过复合阳极的气孔路径被传输到气道。而产物电子则通过复合阳极内部的电子传导路径（通过 Ni）传导到外电路。

以上所描述的物质的传输过程、电子和离子的传导过程以及反应物之间的电化学反应会产生一系列的极化损耗[72]。例如，反应物在复合电极多孔结构中的传输必然会引起浓差极化[73]。电子和离子在电子和离子传导相中的传导过程则会引起欧姆极化损耗[74,75]。而活化过电势则主要由三相线反应位置上的电化学反应能垒所决定[76]。随着固体氧化物燃料电池制作工艺的日趋成熟，深入地理解复合电极内部详细的物理化学过程并建立用于预测电池性能的数值理论对于加速 SOFC 技术的应用尤为重要。

（2）电化学反应方程

如图 2.2 所示，对于阳极间隙层而言，纯氢燃料整个电化学半反应可表示为 $H_2(g)+O^{2-}(YSZ) \leftrightarrow H_2O(g)+2e^-(Ni)$[77]。其中括号内的内容表示该反应物所处的材料相。由方程式可得，该反应的进行需要同时涉及传输反应物和产物的气相（用下标表示为 g），传导离子电荷的离子导电相（例如 YSZ）和传导电子电荷的电子导电相（例如 Ni)[78]。因此可以认为，该半反应应该发生在气相-导离子相-导电子相共同存在的三相线位置。需要指出的是，虽然该半反应的进行过程中实际上存在着很多的中间态，其相应的一系列基元反应并非真的在三相反应位置发生[79]。但实际上，综合考虑所有相关的基元反应也可认为三相线位置附近实际上也是保证所有基元反应以最小总损耗进行的最佳反应位置[80]。因此，认为半反应主要发生在三相线位置是合理的。

从热力学的观点出发可得，该半反应要达到平衡，化学反应式两边的电化学势应满足如下平衡关系[81]

$$\mu_{H_2}+\mu_{O^{2-}}-2F\Phi_i^{eq}=\mu_{H_2O}-2F\Phi_e^{a,eq} \tag{2.43}$$

式中　　　F——法拉第常数；

Φ_i^{eq}、$\Phi_e^{a,eq}$——分别代表电化学平衡状态下电解质材料颗粒相和电极材料颗粒相上对应的局域平衡电势[82]。

其中理想气体的化学势可通过如下表达式求得

$$\mu_\alpha=\mu_\alpha^{st}+RT\ln p_\alpha \tag{2.44}$$

式中　　μ_α——表示反应物 α 的局域化学势；

μ_α^{st}——反应物 α 在标准状态下（$p^{st}=1$ atm）的化学势；

R——气体常数；

T——绝对温度；

p_α——反应物 α 在局域位置的分压。

因此，电化学势平衡状态下的电子传导相和离子传导相之间的平衡电势差为

$$E_a^{eq} = \Phi_i^{eq} - \Phi_e^{a,eq} = \frac{1}{2F}(\mu_{H_2} + \mu_{O^{2-}} - \mu_{H_2O}) \tag{2.45}$$

结合正、逆反应速率方程式可得，在该两相平衡电势差作用下的转化电流密度满足如下表达式

$$\begin{aligned}
j_f &= f_f(c_\alpha)v_e F e^{-(\Delta G_{act,f} + \alpha v_e F E_a^{eq})/RT} \\
j_b &= f_b(c_\alpha)v_e F e^{-[\Delta G_{act,b} - (1-\alpha)v_e F E_a^{eq}]/RT}
\end{aligned} \tag{2.46}$$

需要指出的是，因为前面假定了半反应发生在三相线位置，因此这里的转化电流密度也相应地取为单位三相线长度的转换电流密度。此时其相应的前置系数 $f(c_\alpha)$ 应是三相反应位置反应物浓度的函数。

在热力学平衡下，化学反应式左边的电化学势应等于右边的电化学势，没有净电荷的转移。因此此时正向传输电流密度和逆向传输电流密度必须达到动态平衡，从而满足净电流密度为 0。

$$j_f = j_b = j_0 \tag{2.47}$$

我们将此时 j_0（单位为：$A \cdot m^{-1}$）称为基于单位三相线长度的交换传输电流密度。

实际上，在电池工作状态下（即有电流通过外电路负载时），由于反应是朝一个方向不断进行的。因此该半反应实际上处于非平衡态。化学反应方程式两边的电化学势必然偏离平衡值以促使反应向一个方向进行。例如 $\mu_{H_2} + \mu_{O^{2-}} - 2F\Phi_i > \mu_{H_2O} - 2F\Phi_e^a$。此时实际的两相电势差为 $\Phi_i - \Phi_e^a < E_a^{eq}$，对应的净电荷转化率 j_{TPB}（单位为：$A \cdot m^{-1}$）为，

$$\begin{aligned}
j_{TPB} &= j_f - j_b \\
&= f_f(c_\alpha)v_e F e^{-[\Delta G_{act,f} + \alpha v_e F(\Phi_i - \Phi_e^a)]/RT} - \\
&\quad f_b(c_\alpha)v_e F e^{-[\Delta G_{act,b} - (1-\alpha)v_e F(\Phi_i - \Phi_e^a)]/RT} \\
&= f_f(c_\alpha)v_e F \exp\left[\frac{-(\Delta G_{act,f} + \alpha v_e F \Delta \Phi_a^{eq})}{RT}\right] \\
&\quad \exp\left(\frac{\alpha v_e F[\Delta \Phi_a^{eq} - (\Phi_i - \Phi_e^a)]}{RT}\right) \\
&\quad - f_b(c_\alpha)v_e F \exp\left[\frac{-[\Delta G_{act,f} - (1-\alpha)v_e F \Delta \Phi_a^{eq}]}{RT}\right] \\
&\quad \exp\left(\frac{-(1-\alpha)v_e F[\Delta \Phi_a^{eq} - (\Phi_i - \Phi_e^a)]}{RT}\right)
\end{aligned} \tag{2.48}$$

结合达到平衡态时的交换传输电流密度公式（2.46）和公式（2.47）可

得修正的 Bulter-volmer 方程如下

$$j_{TPB} = j_0 \left[\exp\left(\frac{2\alpha_f F}{RT} \eta_{act}^a \right) - \exp\left(-\frac{2(1-\alpha_f)F}{RT} \eta_{act}^a \right) \right] \tag{2.49}$$

我们把工作状态下电极材料相和电解质材料相之间的局域电势差相对于平衡状态下平衡电势差的偏移量定义为局域活化过电势

$$\eta_{act}^a = \Delta \Phi_a^{eq} - (\Phi_i - \Phi_e^a) = \frac{1}{2F}(\mu_{H_2} + \mu_{O^{2-}} - \mu_{H_2O}) - (\Phi_i - \Phi_e^a) \tag{2.50}$$

相应的，阴极间隙层内部的局域电化学反应为 $0.5O_2(g) + 2e^-(LSM) \longrightarrow O^{2-}(YSZ)$。电化学势平衡需满足表达式

$$0.5\mu_{O_2} - 2F\Phi_e^{c,eq} = \mu_{O^{2-}} - 2F\Phi_i^{eq} \tag{2.51}$$

由此则与电化学势平衡对应的，电极材料相和电解质材料相之间的局域平衡电势差为

$$E_c^{eq} = \Phi_e^{c,eq} - \Phi_i^{eq} = \frac{1}{4F}(\mu_{O_2} - 2\mu_{O^{2-}}) \tag{2.52}$$

类似的，在电池工作状态下，局域反应位置上电解质颗粒相和电极颗粒相上的离子和电子电势（Φ_i，Φ_e^c）偏离平衡电势值（Φ_i^{eq}，$\Phi_e^{c,eq}$）。以保证方程左边电化学势大于右边的电化学势。以促使反应朝正向进行。对应的净电荷转化率 j_{TPB}（单位为：$A \cdot m^{-1}$）也可表示为 Bulter-Volmer 形式

$$j_{TPB} = j_0 \left[\exp\left(\frac{2\alpha_f F}{RT} \eta_{act}^c \right) - \exp\left(-\frac{2(1-\alpha_f)F}{RT} \eta_{act}^c \right) \right] \tag{2.53}$$

其对应的阴极局域活化过电势 η_{act} 可表示为

$$\eta_{act}^c = E_c^{eq} - (\Phi_e^c - \Phi_i) = \frac{1}{4F}(\mu_{O_2} - 2\mu_{O^{2-}}) - (\Phi_e^c - \Phi_i) \tag{2.54}$$

j_0 是基于单位三相线长度的交换输运电流（单位为：$A \cdot m^{-1}$）[76]，计算如下

$$
\begin{aligned}
j_0^c &= j_{0,ref}^c \exp\left[-\frac{\Delta G_{act,O_2}}{R}\left(\frac{1}{T} - \frac{1}{T_{ref}} \right) \right] \left(\frac{p_{O_2}}{p_{O_2,ref}} \right)^{0.25} \\
j_0^a &= j_{0,ref}^a \exp\left[-\frac{\Delta G_{act,H_2}}{R}\left(\frac{1}{T} - \frac{1}{T_{ref}} \right) \right] \left(\frac{p_{H_2} p_{H_2O}}{p_{H_2,ref} p_{H_2O,ref}} \right)
\end{aligned}
\tag{2.55}
$$

式中，$\Delta G_{act,O_2}$ 和 $\Delta G_{act,H_2}$ 分别表示阳极和阴极电化学反应的活化能。

通常情况下，与参考温度 T_{ref} 参考分压 $p_{H_2,ref}$，$p_{H_2O,ref}$，$p_{O_2,ref}$ 对应的 $j_{0,ref}^a$ 和 $j_{0,ref}^c$ 主要通过实验或者经验预测得到。

相应的，单位体积内电子电流和离子电流之间的电荷转化率可表示为

$$i_{e,i}^V = j_{TPB} \lambda_{TPB,eff}^V \qquad A \cdot m^{-3} \tag{2.56}$$

式中，$\lambda_{TPB,eff}^V$ 表示单位体积的逾渗三相线长度，m^{-2}。

单位致密电解质表面积的电荷转化率可表示为

$$i_{e,i}^{S}=j_{TPB}\lambda_{TPB.eff}^{S}(A \cdot m^{-2}) \tag{2.57}$$

式中，$\lambda_{TPB.eff}^{S}$ 是单位致密电解质表面积的逾渗三相线长度，m^{-1}。

此时整个电池所能提供的输出电压可表示为边界 B_1 和 B_2 的电子电势差，

$$V_{op}=\Phi_{e}^{c}|_{B6}-\Phi_{e}^{a}|_{B1} \tag{2.58}$$

电池内部的电化学过程可通过电子电荷守恒、离子电荷守恒和欧姆定律进行描述。其中局域电化学反应位置上产生的单位体积的电荷转化率 $i_{e,i}^{V}$ 可等效认为是控制方程的电流源。以图 2.1 提到的具有梯度电极的 SOFC 每个区域的电子和离子电势分布必须遵循如下的控制方程

$$\nabla \cdot i_{e}^{c}=\nabla \cdot (-\sigma_{ed}^{eff}\nabla\hat{\Phi}_{e}^{c})=\begin{cases}0\\i_{e,i}^{V,c}\end{cases} \tag{2.59}$$

$$\nabla \cdot i_{i}=\nabla \cdot (-\sigma_{el}^{eff}\nabla\hat{\Phi}_{i})=\begin{cases}-i_{e,i}^{V,c}\\0\\i_{e,i}^{V,a}\end{cases} \tag{2.60}$$

$$\nabla \cdot i_{e}^{a}=\nabla \cdot (-\sigma_{ed}^{eff}\nabla\hat{\Phi}_{e}^{a})=-i_{e,i}^{V,a} \tag{2.61}$$

式中　$\hat{\Phi}_{e}^{c}$、$\hat{\Phi}_{i}$ 和 $\hat{\Phi}_{e}^{a}$——分别表示 Φ_{e}^{c}、Φ_{i} 和 Φ_{e}^{a} 分别加上一个常数项；

σ_{ed}^{eff} 和 σ_{el}^{eff}——分别表示复合电极的有效电子和离子电导率，主要决定于各电池层不同的材料参数和微观结构性质。

为了与阳极功能层保持较好的热匹配，通常采用 Ni 和 YSZ 混合物作为阳极支撑层的材料。所以原则上，如方程（2.60）和方程（2.61）所示，阳极支撑层也可支持电化学反应的进行。

2.2.2 传质模型

当固体氧化物燃料电池处于工作状态下时，为了维持电流密度输出，必然要求外界源源不断地给 SOFC 提供燃料和氧化物，同时还需要带走多余的反应生成物。就 SOFC 的具体结构特点而言，其物质传输过程主要包括两大部分，一是反应物在气道结构中的传输过程，另一是反应物在多孔复合电极中的传输过程。

（1）SOFC 气道的物质传输过程

SOFC 气道中的传质过程主要以对流扩散方式为主。因此，在数值模拟过程中，通常选取纳维斯托克斯动量方程和对流扩散方程来描述反应物在 SOFC 气道中的传质过程[70]：

$$\rho\left[\frac{\partial\vec{v}}{\partial t}+(\vec{v} \cdot \nabla)\vec{v}\right]=-\nabla p+\mu\nabla^2\vec{v}$$
$$-\frac{\partial(c_\alpha u)}{\partial x}-\frac{\partial(c_\alpha v)}{\partial y}-\frac{\partial(c_\alpha w)}{\partial z}+D_\alpha\left(\frac{\partial^2 c_\alpha}{\partial x^2}+\frac{\partial^2 c_\alpha}{\partial y^2}+\frac{\partial^2 c_\alpha}{\partial z^2}\right)=\frac{\partial c_\alpha}{\partial t} \tag{2.62}$$

（2）多孔复合电极物质输运过程

在多孔复合电极中，反应物的扩散主要包含三种机制：

a. 对于具有较大孔径和较高压力差的多孔复合电极而言，分子间的扩散占主导，物质输运主要以分子自由扩散为主[39]；

b. 当气孔平均直径与分子运动的平均自由程相仿时，分子与气孔壁面间的碰撞变得重要，Knudsen 扩散变得不可忽略[83]；

c. 反应物分子沿着气孔壁面的表面扩散[84]。

一般认为，Dusty gas 模型可用于较准确地描述多孔复合电极内部的气体扩散过程。结合物质传输过程中的质量守恒方程，气体混合物的 Dusty gas 模型[85]可表示为：

$$\nabla \cdot N_\alpha = R_\alpha \tag{2.63}$$

$$\frac{N_\alpha}{D_{\mathrm{Kn},\alpha}^{\mathrm{eff}}} + \sum_{\beta \neq \alpha} \frac{x_\beta N_\alpha - x_\alpha N_\beta}{D_{\alpha,\beta}^{\mathrm{eff}}} = -\frac{1}{RT}\left(p\nabla x_\alpha + x_\alpha \nabla p + \frac{x_\alpha B_0 p}{\mu' D_{\mathrm{Kn},\alpha}^{\mathrm{eff}}} \nabla p\right) \tag{2.64}$$

式中　N_α 和 R_α——分别表示反应物 α 的摩尔流量和该物质的反应速率。对于使用氢气作为燃料和氧气作为氧化物的 SOFC 而言。R_α 与电化学反应过程中电荷转化率之间的关系为：$R_{\mathrm{H_2}} = -i_{\mathrm{e,i}}^{\mathrm{V,a}}/2F$、$R_{\mathrm{H_2O}} = i_{\mathrm{e,i}}^{\mathrm{V,a}}/2F$、$R_{\mathrm{O_2}} = -i_{\mathrm{e,i}}^{\mathrm{V,c}}/4F$ 和 $R_{\mathrm{N_2}} = 0$；

x_α, x_β——反应物 α、β 的摩尔分数；

B_0——多孔介质的流体渗透率；

μ'——混合气体黏滞系数；

p——混合气体的压强；

$D_{\mathrm{Kn},\alpha}^{\mathrm{eff}}$——反应物 α 的有效 Knudsen 扩散系数；

$D_{\alpha,\beta}^{\mathrm{eff}}$——反应物 α 和 β 的有效二元扩散系数。

反应物 α 和 β 的有效二元扩散系数可通过下式求得[86]，

$$D_{\alpha,\beta}^{\mathrm{eff}} = \frac{\phi_\mathrm{g}}{\tau}\frac{3.24 \times 10^{-8} T^{1.75}}{p\,(\nu_\alpha^{1/3} + \nu_\beta^{1/3})^2}\left(\frac{1}{M_\alpha} + \frac{1}{M_\beta}\right)^{0.5} \tag{2.65}$$

式中　ϕ_g——多孔复合电极的孔隙率；

τ——表示气道路径的曲折因子；

M_α, M_β——反应物 α、β 的摩尔质量；

ν_α——反应物 α 的扩散体积（对于 H_2、H_2O、O_2 和 N_2，分别对应为 $\nu_\alpha = 6.12 \times 10^{-6}\,\mathrm{m^3 \cdot mol^{-1}}$、$13.1 \times 10^{-6}\,\mathrm{m^3 \cdot mol^{-1}}$、$16.3 \times 10^{-6}\,\mathrm{m^3 \cdot mol^{-1}}$ 和 $18.5 \times 10^{-6}\,\mathrm{m^3 \cdot mol^{-1}}$）。

反应物 α 的有效 Knudsen 扩散系数可表示为[87]

$$D_{\mathrm{Kn},\alpha}^{\mathrm{eff}} = \frac{\phi_{\mathrm{g}}}{\tau} \frac{2r_{\mathrm{g}}}{3} \sqrt{\frac{8RT}{\pi M_\alpha}} \tag{2.66}$$

式中　r_{g}——多孔复合电极中气体通道的平均水力半径。

多孔介质的渗透率可通过下式进行估计[88]

$$B_0 = \frac{\phi_{\mathrm{g}}^3}{72\tau(1-\phi_{\mathrm{g}})^2}\left(\frac{2}{\psi_{\mathrm{ed}}/r_{\mathrm{ed}}+\psi_{\mathrm{el}}/r_{\mathrm{el}}}\right)^2 \tag{2.67}$$

混合流体的黏滞系数可通过下式进行估计[89]

$$\mu'_{\mathrm{mix}} = \sum_{\alpha=1}^{N} \frac{x_\alpha \mu'_\alpha}{\sum_{\beta=1}^{2} x_\beta \Phi_{\alpha\beta}} \tag{2.68}$$

其中单一组分的黏滞系数可通过方程（2.22）进行估计。而无量纲数 $\Phi_{\alpha\beta}$ 可通过下式进行估计[90]：

$$\Phi_{\alpha\beta} = \frac{[1+(\mu'_\alpha/\mu'_\beta)^{0.5}(M_\alpha/M_\beta)^{0.25}]^2}{[8(1+M_\alpha/M_\beta)]^{0.5}} \tag{2.69}$$

对于氢气为燃料，空气为氧化剂的 SOFC 体系。不管在多孔复合阳极还是在多孔复合阴极内部始终只有两种气体混合物存在，因此根据方程（2.64），二元气体混合物的尘气（Dusty gas）模型方程如下

$$\frac{N_1}{D_{\mathrm{Kn},1}^{\mathrm{eff}}} + \frac{x_2 N_1 - x_1 N_2}{D_{1,2}^{\mathrm{eff}}} = -\frac{1}{RT}\left(p\nabla x_1 + x_1\nabla p + \frac{x_1 B_0 p}{\mu' D_{\mathrm{Kn},1}^{\mathrm{eff}}}\nabla p\right) \tag{2.70a}$$

$$\frac{N_2}{D_{\mathrm{Kn},2}^{\mathrm{eff}}} + \frac{x_1 N_2 - x_2 N_1}{D_{2,1}^{\mathrm{eff}}} = -\frac{1}{RT}\left(p\nabla x_2 + x_2\nabla p + \frac{x_2 B_0 p}{\mu' D_{\mathrm{Kn},2}^{\mathrm{eff}}}\nabla p\right) \tag{2.70b}$$

为了方便应用传统的稳态对流扩散方程 $\nabla \cdot N_\alpha = \nabla \cdot (-D'_\alpha \nabla c_\alpha + \vec{u}' c_\alpha) = R_\alpha$ 来求解尘气（Dusty gas）模型，我们将对式（2.70a）和式（2.70b）做一定的变化。首先，由式（2.70a）加式（2.70b）可得 N_2 表示为 N_1 的表达式为

$$\frac{N_2}{D_{\mathrm{Kn},2}^{\mathrm{eff}}} = -\frac{N_1}{D_{\mathrm{Kn},1}^{\mathrm{eff}}} - \frac{\nabla p}{RT}\left[1 + \frac{B_0 p}{\mu'}\left(\frac{x_1}{D_{\mathrm{Kn},1}^{\mathrm{eff}}} + \frac{x_2}{D_{\mathrm{Kn},2}^{\mathrm{eff}}}\right)\right] \tag{2.71}$$

将方程（2.71）代入方程（2.70a）即可消去 N_2，得到 N_1 与反应物浓度的关系为

$$N_1\left(\frac{1}{D_{\mathrm{Kn},1}^{\mathrm{eff}}} + \frac{x_2}{D_{1,2}^{\mathrm{eff}}} + \frac{x_1 D_{\mathrm{Kn},2}^{\mathrm{eff}}}{D_{1,2}^{\mathrm{eff}} D_{\mathrm{Kn},1}^{\mathrm{eff}}}\right)$$

$$= -\frac{p\nabla x_1 + x_1\nabla p}{RT} - \frac{\nabla p}{RT}\frac{x_1 D_{\mathrm{Kn},2}^{\mathrm{eff}}}{D_{1,2}^{\mathrm{eff}}} - \frac{x_1 p B_0 \nabla p}{\mu' RT}$$

$$\left(\frac{x_1 D_{\mathrm{Kn},2}^{\mathrm{eff}}}{D_{1,2}^{\mathrm{eff}} D_{\mathrm{Kn},1}^{\mathrm{eff}}} + \frac{x_2}{D_{1,2}^{\mathrm{eff}}} + \frac{1}{D_{\mathrm{Kn},1}^{\mathrm{eff}}}\right) \tag{2.72}$$

$$\Rightarrow N_1 = -\frac{D_{1,2}^{\mathrm{eff}} D_{\mathrm{Kn},1}^{\mathrm{eff}}}{D_{1,2}^{\mathrm{eff}} + x_1 D_{\mathrm{Kn},2}^{\mathrm{eff}} + x_2 D_{\mathrm{Kn},1}^{\mathrm{eff}}}\frac{\nabla(x_1 p)}{RT}$$

$$-\frac{D_{Kn,1}^{eff}D_{Kn,2}^{eff}}{D_{1,2}^{eff}+x_1 D_{Kn,2}^{eff}+x_2 D_{Kn,1}^{eff}}\frac{\nabla p}{p}\frac{x_1 p}{RT}-\frac{B_0}{\mu'}\frac{\nabla p}{RT}\frac{x_1 p}{RT}$$

$$=-\frac{D_{1,2}^{eff}D_{Kn,1}^{eff}}{D_{1,2}^{eff}+x_1 D_{Kn,2}^{eff}+x_2 D_{Kn,1}^{eff}}\nabla c_1$$

$$-\left(\frac{D_{Kn,1}^{eff}D_{Kn,2}^{eff}}{D_{1,2}^{eff}+x_1 D_{Kn,2}^{eff}+x_2 D_{Kn,1}^{eff}}\frac{\nabla p}{(c_{tot})RT}+\frac{B_0}{\mu'}\nabla p\right)c_1$$

其中方程化简的最后一步用到的关系式（a）反应气体 1 和 2 的总摩尔浓度为 $c_{tot}=p/(RT)$；（b）反应物 1 的摩尔浓度为 $c_1=x_1 c_{tot}=x_1 p/(RT)$。通过类似的方法也可得到反应物 2 所对应的摩尔流量的方程形式。

此时，方程（2.72）的形式与前段提到的稳态对流扩散方程（2.60）的形式基本一致。因此，可以用稳态对流方程的形式来求解尘气（Dusty gas）模型。这时对应的等效扩散系数和等效速度的表达式分别为

$$D'_1=\frac{D_{1,2}^{eff}D_{Kn,1}^{eff}}{D_{1,2}^{eff}+x_1 D_{Kn,2}^{eff}+x_2 D_{Kn,1}^{eff}}$$

$$D'_2=\frac{D_{1,2}^{eff}D_{Kn,2}^{eff}}{D_{1,2}^{eff}+x_1 D_{Kn,2}^{eff}+x_2 D_{Kn,1}^{eff}}$$

$$\vec{u}'=\left(\frac{D_{Kn,1}^{eff}D_{Kn,2}^{eff}}{D_{1,2}^{eff}+x_1 D_{Kn,2}^{eff}+x_2 D_{Kn,1}^{eff}}\frac{\nabla p}{(c_{tot})RT}+\frac{B_0\nabla p}{\mu'}\right)\tag{2.73}$$

2.2.3 传热模型

（1）SOFC 气道的对流传导传热过程

准确地预测 SOFC 内部的温度场分布不仅是预测和优化电池性能的基础，同时也是缓解由于高温引起的电池结构机械退化的前提。SOFC 中非电化学反应区域的传热过程相对简单。由于没有化学反应的存在，不存在流体组分变化导致流体焓量变化的现象。因此可以通过对流导热方程进行描述。

$$\rho C_p \frac{\partial T}{\partial t}+\rho C_P\left(u\frac{\partial T}{\partial x}+v\frac{\partial T}{\partial y}+w\frac{\partial T}{\partial z}\right)-k\left(\frac{\partial^2 T}{\partial x^2}+\frac{\partial^2 T}{\partial y^2}+\frac{\partial^2 T}{\partial z^2}\right)=\dot{Q}$$

$$\tag{2.74}$$

式中　ρ——传热介质的密度；

C_p——相应的恒压比热容；

k——有效热导率；

$\dot{Q}$——热源。

（2）多孔复合电极中的气-固混合传热过程

在多孔复合电极内部，多孔复合电极内部的传热过程不仅包括固体导热（通过电极材料颗粒和电解质材料颗粒），同时还包括混合气体的对流导热过

程（如图 2.3 所示）。

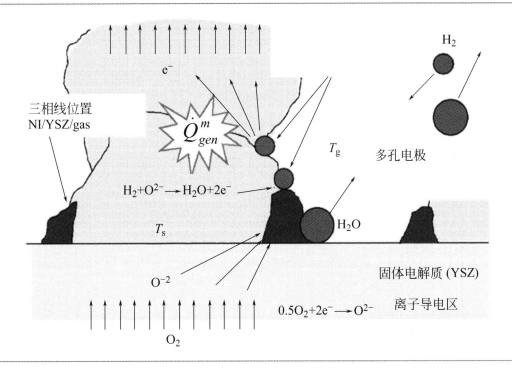

图 2.3　多孔复合电极内部的传热过程示意图[70]

Figure 2.3　The schematic diagram of heat transfer process in porous composite electrode[70]

此外，由于复合电极内存在电化学反应，因此会引起混合流体组分乃至热焓量的变化。从而进一步影响混合流体热容、热导率等参数的变化。就热源而言可分为以下几项：

a. 由于化学反应的存在，物质的产生和消耗会引起流体总热焓值的变化；

b. 由于是电化学反应所以会对外输出电功$[\,|\Phi_e - \Phi_i\,|\,i_{e,i}^V = (E^{eq} - \eta_{act})\,i_{e,i}^V\,]$；

c. 由于有输出电流，所以会相应地产生欧姆热[50,83,91]。

详细数学控制方程推导如下。

多孔复合电极内固体部分热传导的数学形式可表示如下

$$\rho_s C_{p,s} \frac{dT}{dt} + (1 - \phi_g) \nabla(-k_s^{eff}) \nabla T = \frac{i_e^2}{\sigma_{ed}^{eff}} + \frac{i_i^2}{\sigma_{el}^{eff}} + Q_{s\text{-}f} \tag{2.75}$$

式中　ρ_s——复合电极固体部分密度；

k_s^{eff}——固体部分的有效热导率；

$Q_{s\text{-}f}$——表示单位体积单位时间从多孔复合电极流体部分进入固体部分的热量。

方程的左边第一项表示单位体积的内能变化量，第二项为热传导项。右边的第一和第二项分别表示电子电流和离子电流产生的欧姆热。

由于有电化学反应的存在，因此多孔复合电极内部流体传热的数学描述主要通过能量守恒关系得到。

$$\sum_\alpha \rho_{f,\alpha} C_{p,\alpha} \frac{dT}{dt} = -\phi_g \nabla(-k_f^{eff}) \nabla T - \nabla\left(\sum_\alpha N_\alpha h_\alpha\right) - |\Phi_e - \Phi_i| i_{e,i}^V - Q_{s-f}$$

$$(2.76)$$

式中 $\rho_{f,\alpha}$——多孔复合电极内流体 α 的密度；

k_f^{eff}——流体部分的有效热导率；

N_α 和 h_α——分别表示流体组分 α 的摩尔流量和摩尔焓。

方程右边第一项为流体热导项，第二项为流体宏观运动引起的焓变项，第三项表示电化学反应输出的电功率。等于电化学反应对应的局域电动势输出 $|\Phi_e - \Phi_i|$ 与单位体积转化电流量的乘积。其中 $|\Phi_e - \Phi_i|$ 等于局域平衡电势减去活化过电势 $(E^{eq} - \eta_{act})$。

以使用纯氢燃料的多孔复合阳极为例，可得方程右边第二和第三项可展开为

$$-\nabla\left(\sum_\alpha N_\alpha h_\alpha\right) - |\Phi_e - \Phi_i| i_{e,i}^V$$

$$= -N_{H_2} \nabla(C_{p,H_2} T) - N_{H_2O} \nabla(C_{p,H_2O} T) - h_{p,H_2} \nabla N_{H_2} \qquad (2.77)$$

$$- h_{p,H_2O} \nabla N_{H_2O} - (E^{eq,a} - \eta_{act}^a) i_{e,i}^{V,a}$$

$$= -N_{H_2} C_{p,H_2} \nabla T - N_{H_2O} C_{p,H_2O} \nabla T + T(s_{H_2} - s_{H_2O}) \frac{i_{e,i}^{V,a}}{2F} + \eta_{act}^a i_{e,i}^{V,a}$$

式中 $C_{P,\alpha}$——流体组分 α 的恒压比热容；

s_α——流体组分 α 在局域环境下的摩尔熵。

上式的推导使用了两个方程：

a. 根据方程（2.63）有 $\nabla \cdot N_{H_2} = -i_{e,i}^{V,a}/2F$，$\nabla \cdot N_{H_2O} = i_{e,i}^{V,a}/2F$；

b. 根据方程（2.45）E_a^{eq} 可表示为摩尔吉布斯自由能（摩尔化学势）的表达式。将方程（2.76）代回方程（2.77）可得，多孔复合阳极中流体传热方程为

$$\sum_\alpha \rho_{f,\alpha} C_{P,\alpha} \frac{dT}{dt} + \phi_g \nabla(-k_f^{eff}) \nabla T + N_{H_2} C_{p,H_2} \nabla T + N_{H_2O} C_{p,H_2O} \nabla T$$

$$= \frac{T(s_{H_2} - s_{H_2O}) i_{e,i}^{V,a}}{2F} + \eta_{act}^a i_{e,i}^{V,a} - Q_{s-f} \qquad (2.78)$$

联合复合电极固体导热方程（2.75），可得稳态下多孔复合电极内部的传热方程为

$$\nabla-\left[(1-\phi_g)k_s^{\text{eff}}+\phi_g k_f^{\text{eff}}\right]\nabla T+N_{H_2}C_{p,H_2}\nabla T+N_{H_2O}C_{p,H_2O}\nabla T$$

$$=\frac{T(s_{H_2}-s_{H_2O})i_{e,i}^{V,a}}{2F}+\eta_{\text{act}}^a i_{e,i}^{V,a}+\frac{i_e^2}{\sigma_{ed}^{\text{eff}}}+\frac{i_i^2}{\sigma_{el}^{\text{eff}}} \tag{2.79}$$

同理也可得出稳态下多孔复合阴极的传热方程为

$$\nabla-\left[(1-\phi_g)k_s^{\text{eff}}+\phi_g k_f^{\text{eff}}\right]\nabla T+N_{O_2}C_{p,O_2}\nabla T+N_{N_2}C_{p,N_2}\nabla T$$

$$=\frac{Ts_{O_2}i_{e,i}^{V,c}}{2F}+\eta_{\text{act}}^c i_{e,i}^{V,a}+\frac{i_e^2}{\sigma_{ed}^{\text{eff}}}+\frac{i_i^2}{\sigma_{el}^{\text{eff}}} \tag{2.80}$$

其中混合气体的有效热导率 k_f^{eff} 可通过下式简单估计[86]

$$k_f^{\text{eff}}=\sum_\alpha \frac{x_\alpha k_\alpha}{\sum_\beta x_\beta A_{\alpha,\beta}} \tag{2.81}$$

式中，$A_{\alpha,\beta}=\left[1+\left(\frac{\mu_\alpha}{\mu_\beta}\right)^{0.5}\left(\frac{M_\beta}{M_\alpha}\right)^{0.25}\right]^2\left[8\left(1+\frac{M_\alpha}{M_\beta}\right)\right]^{-0.5}$。

2.3　计算流体力学求解过程

计算流体力学（Computational Fluid Dynamics）是一种解决流体力学问题（包括燃料电池中反应物、产物的传质过程，电子电流、离子电流的导电过程，化学反应中的吸放热过程）的数值计算和分析的方法，利用计算机进行离散化的数值计算。

CFD 的基本思想是将空间上连续定解区域用有限个离散点构成的网格来表示，然后把连续物理量的函数用网格上的离散变量函数近似表达，最后结

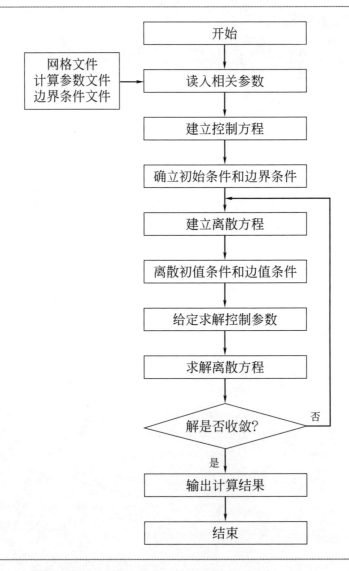

图 2.4　CFD 工作流程图[95]

Figure 2.4　The working flow chart of CFD[95]

合初始条件和边界条件求解离散变量方程组，获得变量的近似解。本质来讲，流体动力学是建立能准确描述具体流动过程的数学微分方程组，依据模拟几何模型和流动过程特点给予相应的边界条件，最后，将上述方程组联立求解得出一定精度模拟结果。计算机的应用仅是快速准确实现上述目的的手段，真正技术核心是如何将高阶偏微分方程科学离散化，如何确定离散单元，如何使计算过程快速收敛[92~94]。求解各步骤详见流程图 2.4。

本书主要使用的 CFD 软件为在多物理场耦合方面表现优异的 COMSOL 和 FLUENT 软件。COMSOL Multiphysics 是一款大型的高级数值仿真软件，被当今世界科学家称为"第一款真正的任意多物理场直接耦合分析软件"，适用于模拟科学和工程领域的各种物理过程，以高效的计算性能和杰出的多场直接耦合分析能力实现了精确的数值仿真，在全球数值仿真领域里得到广泛的应用。FLUENT 软件是目前商业发展较好的 CFD 计算软件，它可以解决与流体、传热、电化学反应等相关的任何流体问题，由于 FLUENT 含有多种求解方法和多个层面上的网格优化技术，因而收敛速度更快，计算精度更高。

2.4 本章小结

本章对燃料电池工作过程数值模拟相关的理论基础进行了较为系统地阐明，详细描述了燃料电池工作过程中涉及的流体力学，对流导热，管道、多孔介质传质，电化学等多学科知识体系，并结合管式 SOFC 内部复杂的结构和流动分配特征详细推演得出管式 SOFC 的电化学、传质，传热和混合导电之间的偏微分耦合数值模型。

（1）根据热力学原理导出温度、压强和化学成分与燃料电池电功的关系，得到燃料电池性能的理论极限；

（2）实际燃料电池的效率总是低于其理想效率，包含三种损耗：活化损失、欧姆损失和浓度损失；

（3）模型包括传热、传质和离子、电子传导等多物理场的耦合；

（4）数值模型结合几何结构尺寸、边界条件和初始条件等可以用于燃料电池的设计工作。

第 3 章

管式SOFC电极构型的分析研究

3.1 管式 SOFC 的结构和三种电极构型的特点

在管式 SOFC 制备过程中，通常需将阳极、阴极或电解质其中之一做得比另外两部件要厚，而这个厚的部件则作为 SOFC 的支撑体，起到支撑整个单电池的作用。根据 SOFC 的支撑结构不同，可分为电解质支撑、阳极支撑和阴极支撑[96]。

由于相对于多孔的电极结构，致密的电解质层具有更好的机械强度，鉴于当时的制作技术水平，早期的 SOFC 以电解质支撑为主，其厚度一般在 $150\sim200\mu m$，而电极厚度在 $50\mu m$ 左右[97]。但随着对电池性能要求的不断提高和制作工艺的进步，为了降低陶瓷电解质的欧姆电阻损耗，电解质不断趋于薄膜化而不再起支撑作用，阳极和阴极电极支撑型 SOFC 逐步取代了电解质支撑型 SOFC[98]，正如图 3.1 所示。

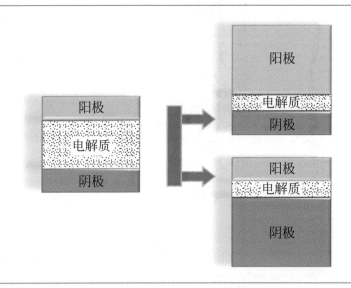

图 3.1　SOFC 结构演化示意图

Figure 3.1　The development trend of tubular SOFCs

管式 SOFC 基本结构是以管状的多孔阴极（或阳极）材料为支撑，然后在支撑层上制作很薄的电解质，最外层是阳极（或阴极），空气（或燃料）在管内流动，燃料（或空气）在管外流动，结构如图 3.2 所示。

图 3.2 中为阴极支撑的管式 SOFC 的结构和气体输运方式示意图，如果是阳极支撑的管式 SOFC 则管内通入的是燃料，管外面流过的是空气。

把每根管状 SOFC 通过连接体以串联或并联方式连接起来就构成了管式 SOFC 堆，最后加上阴极母线和阳极母线引出电流，如图 3.3 所示。相比其

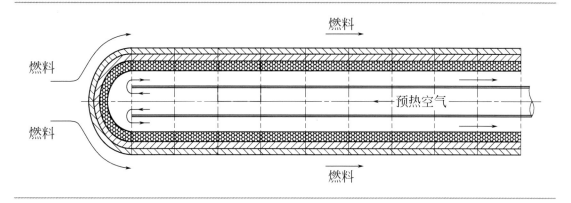

图 3.2 阴极支撑管式 SOFC 的结构和气体输运方式[15]

Figure 3.2 The cathode support tubular SOFC structure and gas transport mode[15]

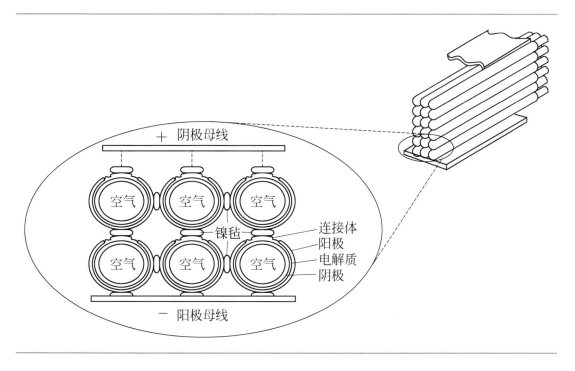

图 3.3 阴极支撑管式 SOFC 堆的结构[15]

Figure 3.3 The structure of cathode support tubular SOFC stack[15]

他形式的 SOFC 而言管式 SOFC 突出优点是不需要密封材料，但是由于电流路径较长，电池的欧姆损耗比较大[99]。

不同支撑类型的管式 SOFC 各具特点，其所对应的优缺点如表 3.1 所列。

目前，在现有的文献中大量的管式 SOFC 数值模拟都是关于阴极支撑管式 SOFC，而对阳极支撑管式 SOFC 的研究非常少。

支撑类型	优点	缺点
电解质支撑	阴极和阳极均可制得很薄;电解质致密度高,机械强度和稳定性较好;制备工艺简单,成本低	过厚的电解质层会产生很大的欧姆电阻,中低温下电解质欧姆损耗更严重;电池启动速度慢;工作温度一般在 1000℃ 左右,材料选择受限
阴极支撑	阳极厚度变薄,需要的氧化还原时间变短,不但可以实现快速启动,而且还可以降低阳极与电解质间的连接应力;工作温度一般在 600～800℃ 之间,降低了电池的制造成本;燃料利用率较高	制备顺序以相对低的烧结温度开始,在烧结阳极时的高温环境会导致阴极损坏,制备工艺相当复杂;可供选择的阴极材料较少,主要为 LSM 系列阴极,这种材料的阴极支撑结构的机械性能较差
阳极支撑	电解质厚度变薄,欧姆损耗较低;机械强度优于阴极支撑;工作温度较低,起动速度快;可以采用低成本成型技术,缩减成本	厚阳极使得燃料的通入量增多,而阴极空气量相对较少,从而导致了燃料的浪费,燃料利用率降低;为避免薄电解质受热应力作用而断裂,对材料的热膨胀匹配性的要求较高

Li 等改进了交换电流密度模型,并用其研究了温度和组分浓度对阴极支撑管式 SOFC 电化学性能的影响[101]。Lee 等针对阳极支撑微管式 SOFC,提出了一种新的电流搜集方法[102]。Cui 等对比了阳极支撑管式 SOFC 的不同几何结构对其性能的影响,结果表明,大的集电体比小的集电体对电池性能的影响更显著[103]。Zhou 等在常压和加压条件下,提出了一个简化的阳极支撑管式 SOFC,并指出在 800℃ 时,随着燃料压力从 1atm(1atm＝101325Pa,下同)增加到 6atm,电池的最大功率密度从 266.7mW/cm² 增加到了 306mW/cm²[104]。Jia 等针对管式 SOFC 提出了一个电化学模型,模型中考虑了管内的辐射换热,结果显示,降低电解质厚度和增加电极的孔半径有益于电池性能的提高[105]。

关于电极支撑结构对电池性能的影响,Kong 等对比分析了阳极支撑平板式 SOFC 和阴极支撑平板式 SOFC 间的差异,分别从电极中气体浓度分布、电势分布等方面进行研究。并通过变化的连接体(rib)宽度和接触电阻进一步验证了阳极支撑型电堆与阴极支撑型电堆间的性能差异。结果表明,在最优 rib 情况下,对于任意的接触电阻,阴极支撑 SOFC 电堆的性能明显优于阳极支撑 SOFC 电堆性能[106]。但这个关于平板式 SOFC 的结论是否适用于管式 SOFC，目前在已有的文献中还未研究，因此，有待进一步去分析研究。

3.2 管式 SOFC 多物理场耦合模型

3.2.1 几何模型

模拟过程中所涉及的几何模型参数如表 3.2 所列。

表 3.2 几何模型参数

Table 3.2 Geometric model parameters

项目	燃料电池几何参数	数值/μm
模型尺寸	内径	9000
	连接体宽度	3000
	连接体高度	2500
阳极支撑型	阳极厚度	1000
	电解质厚度	20
	阴极厚度	50
阴极支撑型	阳极厚度	50
	电解质厚度	20
	阴极厚度	1000

图 3.4 所示为阳极支撑型管式 SOFC 电堆的横截面几何图,包括各电池单元的阳极、阴极、电解质和连接体。

由于电堆模型结构的对称性,为了减少运算量,我们可以选择模型中重复单元的一半作为计算区域,包含了阴极电极连接体和阳极电极连接体,如图 3.5 所示。

网格划分是实现仿真计算的重要环节,网格无关性验证已进行,当网格数从 1774 加密到 2991 时,运行结果显示电流密度从 3010.84585 A·m^{-2} 变化为 3010.36150 A·m^{-2},变化仅为 0.016%,说明网格数已足够,图 3.6 为管式 SOFC 半电池模型的网格划分。

3.2.2 模型的输入参数

模型需要输入的参数见表 3.3 所列,计算方法详见第二章。

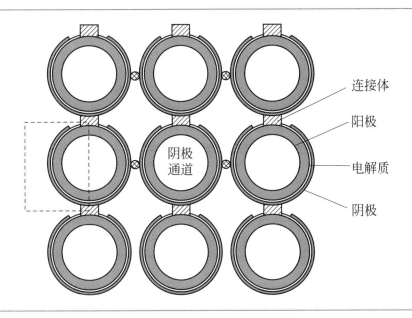

图 3.4　管式 SOFC 电堆截面图

Figure 3.4　The cross section of tubular SOFC stack

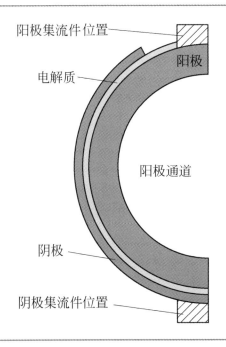

图 3.5　管式 SOFC 半电池几何模型

Figure 3.5　Half mode structure of tubular SOFC electrode

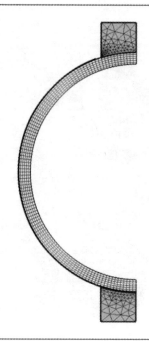

图 3.6　管式 SOFC 半电池模型网格划分

Figure 3.6　Half mode structure of tubular SOFC electrode mesh generation

表 3.3　模型输入参数
Table 3.3　Model input parameters

参数	符号	数值
温度/℃	T	1000
工作电压/V	V_{op}	0.7
扭曲因子	τ	3.5
孔隙率	ε	0.3
燃料摩尔分数	x_{H_2}, x_{H_2O}	0.7, 0.3
空气摩尔分数	x_{O_2}, x_{N_2}	0.21, 0.79
燃料进口浓度/(mol·m^{-3})	$c^0_{H_2}, c^0_{H_2O}$	6.7, 2.87
空气进口浓度/(mol·m^{-3})	$c^0_{O_2}, c^0_{N_2}$	2.01, 7.56
阳极活化能/(J·mol^{-1})	E_{H_2}	1.2e^5
阴极活化能/(J·mol^{-1})	E_{O_2}	1.3e^5
阳极电流密度/(A·m^{-2})	i^{an}_{ref}	2000

参数	符号	数值
阴极电流密度/(A·m^{-2})	i_{ref}^{ca}	860
阳极反应对称因子	α_f^{an}, β_r^{an}	2,1
阴极反应对称因子	α_f^{ca}, β_r^{ca}	1.5,1

3.2.3 模型的边界条件

为了求解第二章所述的管式燃料电池多物理场的数值模型，合理地设置边界条件非常必要，边界条件是在求解区域的边界上所求解的变量或其导数随地点和时间的变化规律。在固体氧化物燃料电池氧化气在管内的流动，在氧气进口截面上，可给定速度、压力沿半径方向的分布，而在管壁上，对速度取无滑移边界条件，边界条件的处理，直接影响计算结果的精度和收敛的快慢，如表 3.4 所列。

表 3.4　模型边界设置

Table 3.4　Boundary parameter setting in numerical simulation model

边界位置(参见图 3.5)	边界条件	边界含义
阳极与阳极通道之间	$c^0 = p_{H_2}^0/R/T$	H$_2$摩尔浓度
	$c^0 = p_{H_2O}^0/R/T$	H$_2$O摩尔浓度
阳极与集流件之间	$E_0(=1.1V)$	参考电位
	$0.01 \sim 0.05\Omega \cdot cm^2$	接触面积比电阻
阳极与电解质之间	$-i_{trans}^{an}\lambda_{TPB}^A/2F$	H$_2$向内摩尔通量
	$i_{trans}^{an}\lambda_{TPB}^A/2F$	H$_2$O向内摩尔通量
	$-i_{trans}^{an}\lambda_{TPB}^A$	内向电流(电子转移)
	$i_{trans}^{an}\lambda_{TPB}^A$	内部电流源(离子传输)
阴极与阴极通道之间	$c^0 = p_{O_2}^0/R/T$	O$_2$摩尔浓度
	$c^0 = p_{N_2}^0/R/T$	N$_2$摩尔浓度
阴极与集流件之间	V_{OP}	参考电位
	$0.01 \sim 0.05\Omega \cdot cm^2$	接触面积比电阻

边界位置(参见图 3.5)	边界条件	边界含义
阴极与电解质之间	$-i_{trans}^{ca}\lambda_{TPB}^{A}/4F$	O_2 向内摩尔通量
	0	N_2 向内摩尔通量
	$i_{trans}^{ca}\lambda_{TPB}^{A}$	内向电流(电子转移)
	$-i_{trans}^{ca}\lambda_{TPB}^{A}$	内部电流源(离子传输)
其他部分	—	绝缘/电绝缘

注：λ_{TPB}^{A} 表示单位面积的三相线长度，绝缘意味着通过此边界的法向电流密度为零。

3.2.4 模型输出的伏安特性曲线及校验

图 3.7 是阴极支撑型管式 SOFC 的伏安特性曲线，即不同电流负荷下电池的输出电压大小。其中曲线为管式 SOFC 模型输出值，三角数值是实验数据。

实验数据来自美国 Fuel Cell Materials Corporation 网站公开的实验报告，(http://www. fuelcellmaterials. com/pdf/ASCs％252007-2008. pdf)。

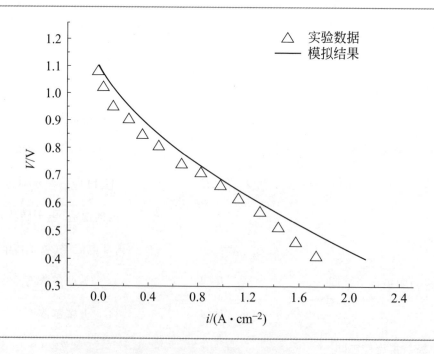

图 3.7 管式 SOFC 的 i-V 曲线

Figure 3. 7 Tubular SOFC voltage versus current density

结果显示建立的管式 SOFC 模型计算结果和实验数据有较好的一致性，对于电流密度小于 $1.2 A \cdot cm^{-2}$ 的计算结果和实验数据误差小于 5%。如图 3.7 所示，随着电池电流密度增加电压成非线性减少，最大误差出现在高电流密度处，模型计算输出电压值比实验结果超出了约 10%。在高电流密度下，输出电压的模型计算值与实验值偏差大，主要是与多孔电极的浓度极化损失在高电流密度时会非线性加大有关，但在低电流密度时，计算值与实验值的偏差最小，说明此处设定的浓度极化损失吻合较好。结合实测数据形成更复杂的更准确的浓度极化损失经验公式可以使建立的数值模型更精确。总体来说，由于 SOFC 通常在 $0.6 \sim 0.8 V$ 工作电压之间运行，在此范围内模型较好地吻合了实验数据，所以建立的模型可用于 SOFC 性能研究。

3.3 计算结果与讨论

为了研究阳极支撑管式 SOFC 和阴极支撑管式 SOFC 间的性能差异，建立了两个电极厚度不同的对比模型。阳极支撑管式 SOFC 的阳极和阴极厚度分别为 $1000\mu m$ 和 $50\mu m$，而阴极支撑管式 SOFC 的对应参数分别为 $50\mu m$ 和 $1000\mu m$。基于所建立的数值模型，分别从气体浓度分布、电势温度、电极电导率、孔隙率、接触电阻和输出电压等方面来比较这两种电极构型设计。为便于表述，在后续工作中管式固体氧化物燃料电池（Tubular solid oxide fuel cell）用 T-SOFC 表示，阳极支撑管式固体氧化物燃料电池（Anode-supported tubular SOFC）用 AST-SOFC 表示，阴极支撑管式固体氧化物燃料电池（Cathode-supported tubular SOFC）用 CST-SOFC 表示。

3.3.1 阴极支撑型内部的流体及电流传输过程

如图 3.8 所示，给出了阴极支撑 T-SOFC 内部对应的多孔阴极内部的氧气摩尔分数和多孔阳极内部的氢气分布。由图 3.8(a) 可得出，在集流件和阳极的交界点附近以及集流件与阴极的交界点附近，氧气的使用量较大。该位置在高输出电流的工况下，将为潜在的氧气耗尽区。这主要是由于，T-SOFC 内部是多物理场相互耦合影响区域，而管式电池单元内部电流搜集在此处最困难，起到控制步骤的作用，该位置是多物理场过程综合能耗最小位置。类似的图 3.8(b)，多孔阳极内部以及集流件附近区域的氢气浓度分布图也给出

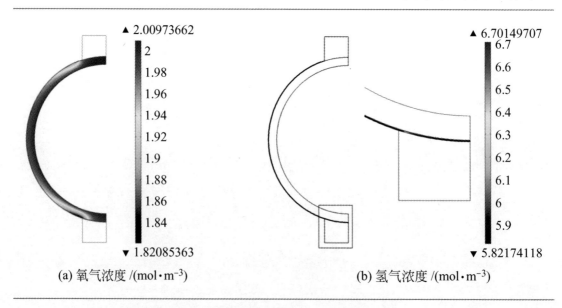

(a) 氧气浓度 /(mol·m⁻³)　　　　　　　　　(b) 氢气浓度 /(mol·m⁻³)

图 3.8 CST-SOFC 的气体浓度分布

Figure 3.8 Gas concentration distribution of CST-SOFC

了相类似的结果。

图 3.9 分别给出了阳极侧和阴极侧的电势分布和电流输运分布特性。阳极集流件处在管式电堆下侧的 T-SOFC 单元外侧。由图 3.9(a) 给出了阳极侧的电子电势分布和电流流线分布，可得出阳极和电解质界面产生的生成电流需要通过狭小截面的半圆形路径才能传导到阳极集流件，其半圆形路径的截面电流密度很高，欧姆损失较大。相反的，阴极集流件处在管式电堆上侧的 T-SOFC 单元内侧，图 3.9(b) 给出了阴极侧的电子电势分布和电流流线分布，可得出阴极和电解质界面产生的电流通过半圆形路径传导到阴极集流件，由于该半圆形路径的截面积较大，CST-SOFC 欧姆损失较小。

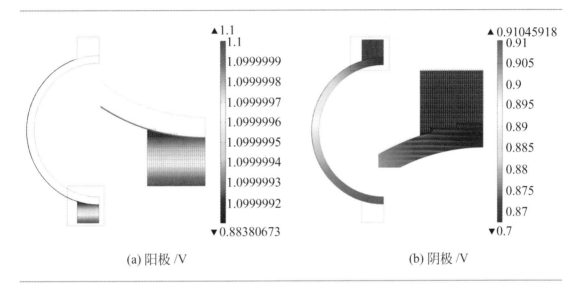

(a) 阳极 /V

(b) 阴极 /V

图 3.9 CST-SOFC 的电势、电流分布

Figure 3.9 Voltage and current distribution of CST-SOFC

3.3.2 阳极支撑型内部的流体及电流传输过程

如图 3.10 所示，给出了阳极支撑型 SOFC 内部对应的多孔阴极内部的氧气摩尔分数和多孔阳极内部的氢气分布。由图 3.10(a) 得出，阴极和电解质接触面上的氧气供应较为丰富，对应氧气引起的浓差损失较小。而相反的，如图 3.10(b) 所示，在集流件与阴极的交界点附近，氢气的使用量较大。该位置在高输出电流的工况下，甚至是可能的氢气耗尽区。

图 3.11 分别给出了阳极侧和阴极侧的电势分布，和电流输运分布特性。阳极集流件处在管式电堆上侧的 T-SOFC 单元内侧，图 3.11(a) 给出了阳极侧的电子电势分布和电流流线分布，可得出在阳极侧内部的半圆形路径上电势差很小，欧姆损失几乎可忽略不计，这主要是复合阳极内部高的电子电导率和阳极支撑型 T-SOFC 较高的阳极侧半圆形路径截面积。阴极集流件处在

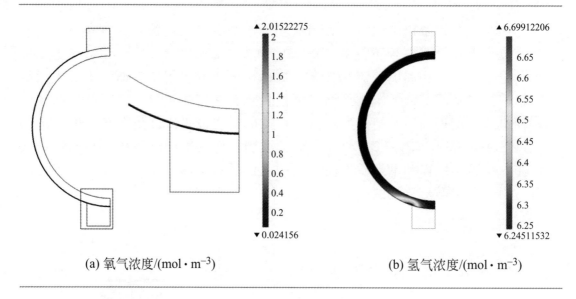

(a) 氧气浓度/(mol·m⁻³)$\qquad$(b) 氢气浓度/(mol·m⁻³)

图 3.10 AST-SOFC 的气体浓度分布

Figure 3.10 Gas concentration distribution of AST-SOFC

AST-SOFC 单元下侧的电池单元管外侧。由图 3.11(b) 给出了阴极侧的电子电势分布和电流流线分布，可得出阳极和电解质界面产生的生成电流需要通过狭小截面的半圆形路径才能传导到阴极集流体，其半圆形路径的截面电流密度很高，欧姆损失较大。

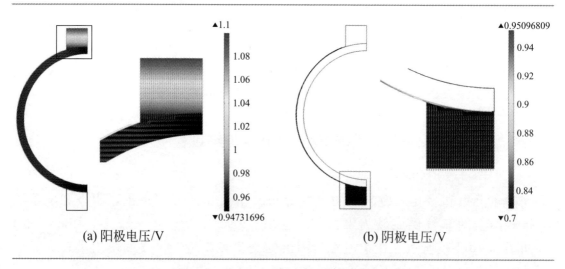

(a) 阳极电压/V$\qquad$(b) 阴极电压/V

图 3.11 AST-SOFC 的电势、电流分布

Figure 3.11 Voltage and current distribution of AST-SOFC

3.3.3 运行温度的影响

运行温度是影响电池性能的关键因素之一，高温会加强电池电化学反应，如图 3.12 所示。随着温度从 850℃增加到 1150℃，AST-SOFC 和 CST-SOFC

的电流密度分别增加了 15.7％ 和 3.2％。显然，AST-SOFC 的性能受温度影响较大，电流密度提升较多，这是因为电导率随着温度的增加而增加，相对于 CST-SOFC 而言 AST-SOFC 的阴极较薄，更易受温度的影响。进一步分析可知，在不同的温度下，CST-SOFC 的性能优于 AST-SOFC 的性能，特别是在低温时，这种优势更为明显。

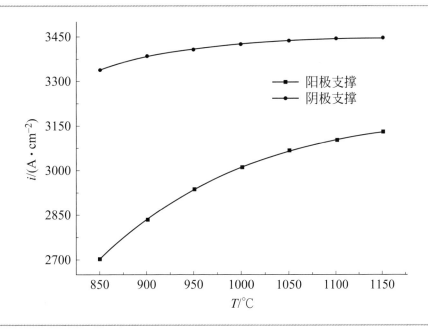

图 3.12　AST-SOFC 和 CST-SOFC 在不同运行温度下的性能对比

Figure 3.12　AST-SOFC and CST-SOFC performance comparison with different operating temperature

3.3.4　电导率的影响

电导率对 AST-SOFC 和 CST-SOFC 性能影响如图 3.13 所示。在阳极侧，AST-SOFC 和 CST-SOFC 的输出电流密度随着电导率的增加而增加，但 AST-SOFC 的电流密度受电导率的影响较弱。阳极电导率对 AST-SOFC 和 CST-SOFC 的不同影响归因于阳极厚度差异。与 AST-SOFC 对比，CST-SOFC 的电流密度明显有较大的提高，如图 3.13（a）所示。当阳极电导率为 $2.2\sigma S/m$，CST-SOFC 的输出电流密度相对于 AST-SOFC 提高了 18.2％；而当阳极电导率为 $0.2\sigma S/m$，CST-SOFC 的输出电流密度相对于 AST-SOFC 提高了 4.7％。显然，阳极电导率越大，CST-SOFC 性能优势越显著。

在图 3.13（b）中，随着阴极电导率的增加，两条曲线具有相同的变化趋势，而且增长幅度较大。这说明阴极电导率的改变对电池的输出性能影响较大。随着阴极电导率从 $0.2S/m$ 变化到 $2.2S/m$，CST-SOFC 的性能明显优于 AST-SOFC 的性能。与阳极情形相反的是，在阴极电导率较小时，CST-SOFC 的性能优势更明显。当阴极电导率为 $0.2S/m$ 时，CST-SOFC 的输出

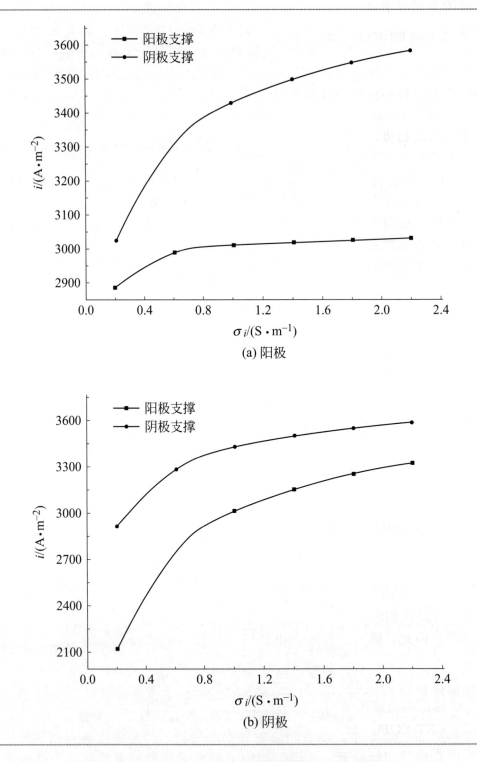

图 3.13　AST-SOFC 和 CST-SOFC 在不同电导率下的性能对比

Figure 3.13　AST-SOFC and the CST-SOFC performance comparison with different electrical conductivity

　管式固体氧化物燃料电池的数值分析优化

电流密度相对于 AST-SOFC 提高了 37.3%。

3.3.5 孔隙率的影响

孔隙率 ε 是反映气体在电极中传输过程难易程度的重要参数。图 3.14 分别描述了两种不同电池设计的孔隙率与电流密度的对应关系。

在图 3.14(a) 中，随着阳极孔隙率的增加，AST-SOFC 的输出电流密度呈先增后减趋势，但变化幅度较小。而 CST-SOFC 的输出电流密度却随着孔隙率的增加迅速下降。对于阳极孔隙率的变化，电流密度呈相反趋势是因为 AST-SOFC 的阳极较厚，阳极气体的扩散引起的浓差极化较大，增加孔隙率有利于气体的扩散，从而可降低浓差极化，使电流密度增加。

然而，这对于 CST-SOFC 较薄的阳极来说确实完全不同，孔隙率的增加会导致电导率严重下降，使得欧姆极化显著增加，因此出现电流密度随着孔隙率的增加而迅速减少的现象。

在图 3.14(b) 中，AST-SOFC 和 CST-SOFC 的输出电流密度随着阴极孔隙率的增加而迅速下降。性能下降主要是因为阴极电导率较低，增加孔隙率将导致电导率严重下降。

进一步分析表明，CST-SOFC 的输出电流密度相对于 AST-SOFC 的输出电流密度一直维持在较高水平，尤其是在阳极孔隙率为 0.2 和阴极孔隙率为 0.5 时，分别增加了 17.6% 和 25.7%。

3.3.6 接触电阻的影响

SOFC 的连接体无论在阳极（H_2 和 H_2O 的混合物）氛围中，还是在阴极（氧气）环境中都不可避免地受到高温氧化，在连接体表面生成氧化物薄膜，并随着时间的推移，氧化膜会越来越厚，导致 SOFC 的接触电阻增加，用面积比电阻（ASR）表示，其阻值大小由氧化物的厚度和类型决定。

图 3.15 显示了接触电阻与电流密度间的对应函数关系。

正如所预期的，电池的输出电流密度随着接触电阻的增加而迅速下降。

当接触电阻从 $0.01\Omega \cdot cm^2$ 增加到 $0.05\Omega \cdot cm^2$，AST-SOFC 和 CST-SOFC 的阳极和阴极的输出电流密度分别下降了 59.5%，62.8%，59.6% 和 62.8%。因此，降低连接体与电极间的接触电阻来提高电池性能是非常有效的方法。

当接触电阻为 $0.01\Omega \cdot cm^2$ 时，CST-SOFC 输出电流密度相对于 AST-SOFC 输出电流密度分别增加了 13.9%（在阳极侧）和 14.0%（在阴极侧）。显然，CST-SOFC 性能与 AST-SOFC 性能相当，接触电阻对二者性能的影响差距不大。

3.3.7 输出电压的影响

由于燃料电池实际工作中面临着由电子、离子传导引起的欧姆损耗、由

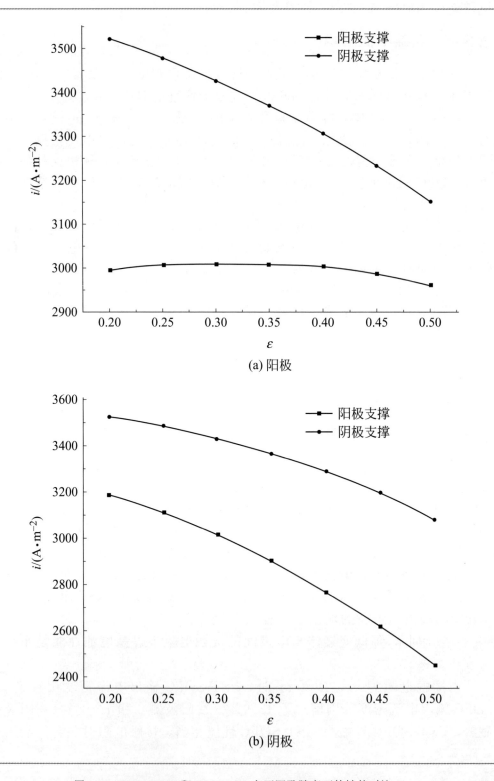

图 3. 14   AST-SOFC 和 CST-SOFC 在不同孔隙率下的性能对比

Figure 3. 14   AST-SOFC and CST-SOFC performance comparison with different porosity

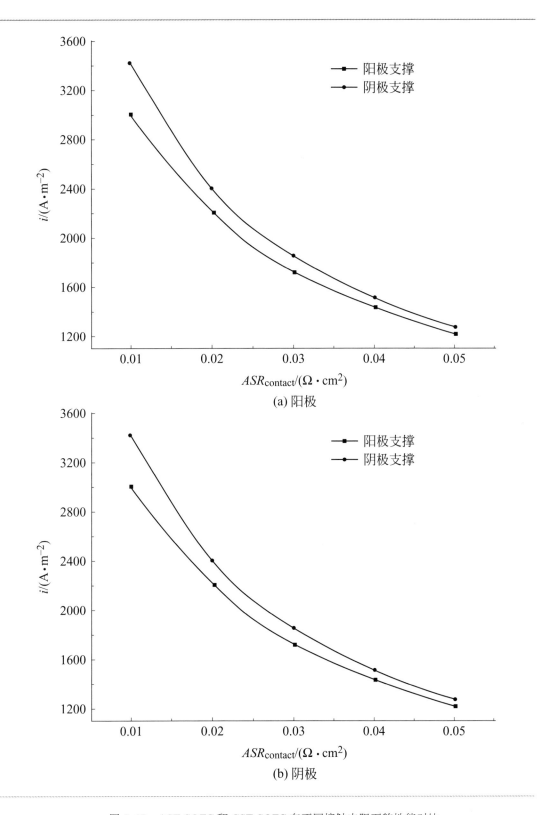

图 3.15 AST-SOFC 和 CST-SOFC 在不同接触电阻下的性能对比
Figure 3.15 AST-SOFC and the CST-SOFC performance comparison
with different contact resistance

电化学反应引起的活化损耗和由质量传输引起的浓度损耗，因此实际输出电压（V_{op}）总比理想电压要低很多，而且电池的输出电流越大，各种损耗就越严重，电池实际输出的电压就越低。

为了研究输出电压（V_{op}）对 T-SOFC 性能的影响，在这里我们选取了不同的 V_{op} 值，使 V_{op} 从 0.5V 变化到 0.8V。图 3.16 给出了在不同 V_{op} 条件下，电流密度与其对应关系。AST-SOFC 和 CST-SOFC 的输出电流密度随着 V_{op} 增加而迅速下降。可见较小的 V_{op} 更有利于获得较大的电流。但电流密度的增加将导致电池出口温度有所升高，使得电池的温度梯度增大，从而导致电流密度的不均匀性也相应增加，对 SOFC 工作的稳定性有一定的影响。

从图 3.16 中可获得另一个重要信息是，对于不同的输出电压，CST-SOFC的电流密度曲线一直处于上方，可见电极支撑结构的改变对电池性能的提高有一定的促进作用。而且，当 $V_{op}=0.5V$ 时这种优势体现得更明显，CST-SOFC 的输出电流密度相对于 AST-SOFC 的输出电流密度增加了 14.4%。

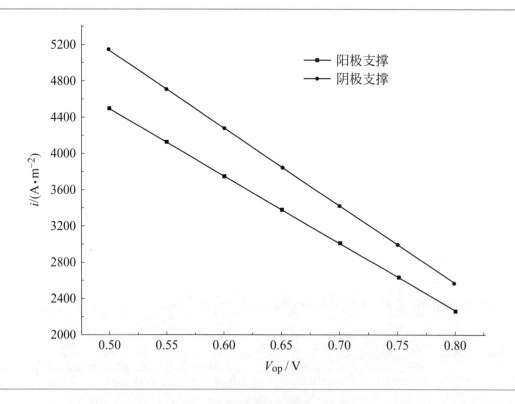

图 3.16　AST-SOFC 和 CST-SOFC 在不同输出电压下的性能对比

Figure 3.16　AST-SOFC and the CST-SOFC performance comparison with different V_{op}

3.4　本章小结

本章重点针对管式固体氧化物燃料电池单元内部复杂的混合离子、电子导电、动量传递、对流扩散传质过程及电化学过程建立并校验了多物理场耦合分析模型，并系统研究了连接体与电极间的接触电阻、工作温度、多孔复合电极有效电导率、孔隙率、输出工作电压、连接体和多孔电极几何尺寸等参数下，阳极支撑型和阴极支撑型管式SOFC电池单元的性能特征和对比，得出了可供管式SOFC设计和制作的具体工程优化指导结论。

（1）建立的分析模型在SOFC工作范围内较好地吻合了实验数据，可用于SOFC性能研究。

（2）根据AST-SOFC和CST-SOFC的多孔电极内氧气、氢气摩尔浓度分布图可以得出在集流件和电极的交界点附近气体的使用量较大，该位置在高输出电流的工况下，为潜在的气体耗尽区，浓差损失较大。减少电极厚度有利于扩散，可以减少浓差损失，并且O_2比H_2分子大得多更难扩散，所以阴极薄的AST-SOFC比阴极厚的CST-SOFC浓差损失小。

（3）根据AST-SOFC和CST-SOFC的多孔电极电势分布和电流输运分布特性图可以得出，电极和电解质界面产生的电流需要通过半圆形的截面路径才能传导到集流件，其半圆形路径的截面越大，也就是电极越厚欧姆损失越小，并且考虑到阳极电导率要远大于阴极极电导率，增加阴极厚度比增加阳极厚度减少电阻的效果明显。所以阴极厚的CST-SOFC比阴极薄的AST-SOFC欧姆损失小。

（4）运行温度是影响电池性能的关键因素之一，高温会加强电池电化学反应，随着温度从850℃增加到1150℃，AST-SOFC和CST-SOFC的电流密度分别增加了15.7%和3.2%。显然，AST-SOFC的性能受温度影响较大，电流密度提升较多。这是因为AST-SOFC比CST-SOFC的阴极较薄，更易受温度的影响。

（5）电导率对AST-SOFC和CST-SOFC性能影响。在阳极侧，AST-SOFC和CST-SOFC的输出电流密度随着电导率的增加而增加，但AST-SOFC的电流密度受电导率的影响较弱。阳极电导率对AST-SOFC和CST-SOFC的不同影响归因于阳极厚度差异。在阴极侧，随着阴极电导率的增加，两条曲线具有相同的变化趋势，而且增长幅度较大。这说明阴极电导率的改变对电池的输出性能影响较大。

（6）在阳极侧，随着孔隙率的增加，AST-SOFC的输出电流密度呈先增后减趋势，但变化幅度较小，而CST-SOFC的输出电流密度却随着孔隙率的增加迅速下降。这是因为AST-SOFC的阳极较厚，阳极气体的扩散引起的浓差极化较大，增加孔隙率有利于气体的扩散，从而可降低浓差极化，使电流密度增加，但较大孔隙率伴随着欧姆损失迅速增加而使电流密度下降。然而，这对于 CST-SOFC 较薄的阳极来说确实完全不同，孔隙率的增加会导致电导率严重下降，使得欧姆损失显著增加，因此出现电流密度随着孔隙率的增加而迅速减少的单调下降现象。在阴极侧，AST-SOFC 和 CST-SOFC 的输出电流密度随着阴极孔隙率的增加而迅速下降。性能下降主要是因为阴极电导率较低，增加孔隙率将导致电导率更加剧烈地下降。

（7）电池的输出电流密度随着接触电阻的增加而迅速下降。当接触电阻从 $0.01\Omega \cdot cm^2$ 增加到 $0.05\Omega \cdot cm^2$，AST-SOFC 和 CST-SOFC 的阳极和阴极的输出电流密度分别下降了 59.5%，62.8%，59.6% 和 62.8%。因此，降低连接体与电极间的接触电阻来提高电池性能是非常有效的方法。接触电阻对 CST-SOFC 与 AST-SOFC 的性能影响相当。

（8）AST-SOFC 和 CST-SOFC 的输出电流密度随着 V_{op} 增加而迅速下降。可见较小的 V_{op} 更有利于获得较大的电流，但电流密度的增加将导致电池出口温度有所升高，使得电池的温度梯度增大，从而导致电流密度的不均匀性也相应增加，对 SOFC 工作的稳定性有一定的影响。

第 **4** 章

管式SOFC堆结构的分析研究

4.1 管式 SOFC 堆电池单元构型的选择

Siemens-Westinghouse 电力公司的燃料电池管型设计（专利号：BP0055011 和 BP0055016）是当前最具代表性的较好的设计方案，其管式 SOFC 堆电池单元是一个一端封闭一端开口的结构，从内到外分别由阴极、电解质、阳极三层组成的陶瓷管，是一种典型的阴极支撑型结构设计方案，空气从陶瓷管内侧流入，燃料气体供给分布在管道单元外侧。

电池单元以串、并联的型式组成管式电堆，电堆性能提升需要考虑如下几个方面：第一，在燃料电池中，空气不仅是反应物（氧气）的主要来源，也是电堆热量传递的主要载体，它在很大程度影响 SOFC 的电化学反应、温度、应力、物性分布，影响电堆总体工作性能和寿命，因此空气分配的设计是管式 SOFC 电堆需解决的首要问题。第二，由于反应物（氧气）在空气中的体积分数仅有 21%，同时电堆的空气利用率也只有 30% 左右（燃料一般高达 80% 以上），因此电堆中的分子质量较大的空气相比于分子质量较小的燃料往往具有很高的质量流量。已有文献证实，采用管道外侧空气分布的方式具有较大困难，且不合理的设计会导致空气作为反应物和热输运载体在电池单元间以及电池单元管表面分配极不均匀的现象，这将大幅度降低电池性能和寿命[107]。第三，由于氧化环境下的阴极主要采用电导率较低的陶瓷材料，而还原环境下的阳极主要采用电导率较高的金属 Ni 作为电子电导材料，因此在传统的电流集流件形态和放置位置的前提下，正如第 3 章对阳极支撑型和阴极支撑型的对比分析结果所示，管式 SOFC 采用阴极支撑的结构可得到比阳极支撑结构更优的工作性能。

故目前针对管式 SOFC 电堆的空气分配一般在管内侧，空气通过电池单元内侧管道进行分配，从而保证陶瓷管电池单元阴极侧表面较好的空气分配均匀性，与这种陶瓷管内部空气分配方式对应的，必然要求管式 SOFC 单元采用阴极处于管道内侧的阴极支撑型设计。

然而需要指出的是，采用阴极支撑型管式 SOFC 设计在解决管式 SOFC 空气分配均匀度这一首要问题的同时，却也同时带进了阴极支撑型管式设计的一系列不利因素，包括：

（1）支撑件阴极的厚度过大导致分子量较重的氧气分子扩散过程中的浓差损失过大；

（2）燃料（特别是湿氢燃料）在管式电池单元外侧分配时，其流动路径阻力过小易导致燃料大量通过而使用率过低；

（3）管道内高的空气流动阻力将导致所需额外泵功率的输出损失，同时加剧空气侧与氢气侧的压力差，加剧空气泄漏的风险；

（4）由于空气相比于燃料具有很高的流量值，因此管道内高速空气流体将加剧气蚀现象，同时空气又是热的主要载体，这将加剧管内连接体间电流收集涂层的剥落；

（5）采用目前的集流件设计形式，电流收集路径较长，意味着很高的欧姆损耗。

近年来，随着管式 SOFC 有利于阳极支撑的新的集流件设计方案的出现，给阳极支撑型管式 SOFC 电堆的发展带来了可能。如图 4.1 所示给出了文献报道中的两种不同的阳极支撑型 SOFC 电堆的新型集流件原理示意图[108,109]。

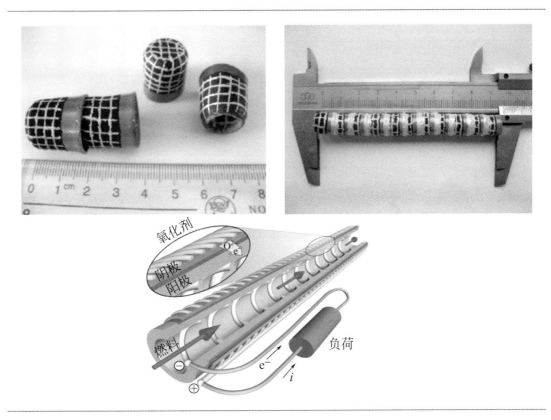

图 4.1　阳极支撑 T-SOFC 电堆的两款不同的新型集流件设计示意[108,109]
Figure 4.1　Tubular anode supported T-SOFC stack of two different collecting design [108,109]

新型集流设计在阴极和阳极表面增加了密布的银网，从而有效地降低了电极与连接体之间的电流传导路径，缩小了 AST-SOFC 和 CST-SOFC 的欧姆损耗差距，因此管式 SOFC 电堆如采用阳极支撑型单元设计（管外侧分配空气，管内侧分配燃料）可有效解决上述一系列阴极支撑型 SOFC 的次生问题。但是如没有合理的管道外侧空气分配设计配套，不合理的电池单元间及电池表面的空气分布结果将导致更差的燃料电池工作效果。

故本章重点研究阳极支撑型电堆的管外侧空气分配优化设计方案。将建立管式 SOFC 电堆内空气流道的大尺度三维流场分析模型，针对几种不同空气流道结构设计方案进行空气流动和分配特性的计算分析。

4.2 管式 SOFC 堆的三维空气流场模型

4.2.1 模型的几何尺寸和输入参数

（1）数值模型几何结构尺寸值如表 4.1 所示。

表 4.1　模型几何参数

Table 4.1　Model geometry parameters

结构	尺寸/(mm×mm)
单电池燃料气道	15×150
燃料进气端	15×30
燃料出口端	15×30
反应面积	3.14×15×150
空气进口端	20×60
空气出口端	20×60

（2）数值模型的输入参数值如表 4.2 所示。

表 4.2　数值模型 CFD 设置的参数值

Table 4.2　Numerical model input parameters

参数	数值
雷诺数	39295.3
湍动能/J	2.32935
湍动耗散率	417.259
平均电流密度	7000
氧气利用率	0.20
氢气利用率	0.70
空气中氧气摩尔分数	0.21
燃料流中燃料摩尔分数	0.97
1073K 温度下氧气密度/(kg·m^{-3})	0.329
1073K 温度下氢气密度/(kg·m^{-3})	0.0284

参数	数值
氧气的摩尔分子量/(g·mol^{-1})	32
氢气的摩尔分子量/(g·mol^{-1})	2
1073K 温度下氧气黏滞系数/(kg·m^{-1}·s^{-1})	$4.43×10^{-5}$
1073K 温度下氢气黏滞系数/(kg·m^{-1}·s^{-1})	$2.10×10^{-5}$
进气口空气流速/(m·s^{-1})	7.05
入口空气质量流量/(kg·s^{-1})	0.00318
入口空气速度/(m·s^{-1})	28.7

参数包括雷诺数、湍动能、湍动耗散率、平均电流密度、进气口空气流速、入口空气质量流量、入口空气速度及气体特性等。

4.2.2 管式 SOFC 堆模型

（1）构造几何模型

根据电堆的尺寸和比例，依次做出 6×6 阵列的圆柱体，长方体，圆柱体与长方体的外表面切割，分离出圆柱体，将这些圆柱体删除，构造完成初始的流道模型，如图 4.2 所示，之后可以再根据设计需要添加相应的圆柱体作为空气通道的出入口。

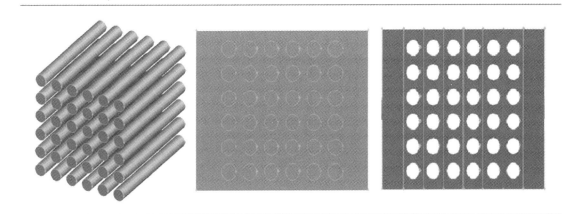

图 4.2　6×6 单元 SOFC 堆的几何模型

Figure 4.2　The geometry model of the 6×6 SOFC stack

（2）划分网格

网格划分是实现管式 SOFC 内复杂三维气道 CFD 计算的最重要步骤之一，为了提高网格划分的准确性以提升计算的精度，先将电堆模型进行面分割再进行网格化，划分了约 1564276 的六角形网格元素以确保该三维 CFD 模型的运算准确性，如图 4.3 所示，图 4.3(a) 是整体网格划分图，图 4.3(b) 是局部网格划分的放大图。设置入口和出口边界条件，分别为"入口-速度"（velocity-inlet）和"出口-压力"（pressure-outlet）。完成后导出 msh 文件，前处理准备完毕。

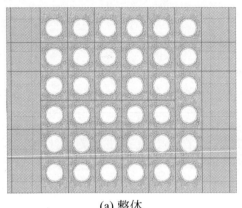

(a) 整体　　　　　　　　　　　　(b) 局部

图 4.3　模型网格划分

Figure 4.3　Model mesh generation

（3）迭代计算

进行初始化的设置后进行求解计算，经过 1650 次的迭代计算后，得出模型的残差曲线图，如图 4.4 所示，包括连续性方程、速度各坐标分量、能量方程、O_2 摩尔分数、K、ε 等参数均 600 次迭代后趋于稳定，数量级在 $10^{-4} \sim 10^{-6}$ 之间，符合计算要求。

（4）得出结果

为了精确地得到管式 SOFC 堆内气流分布特性和质量，在图 4.5 中电堆分割为六个沿 x 方向的 y-z 主截面，标为 $i=1,2,\cdots,6$，每个主截面再细分为 7 个更小的 y-z 分截面，沿 y 方向标为 cs i-j，$j=1,2,\cdots,7$。相应可输出各气道的速度分布图。

（5）分析原因

分析所得到的主截面和主截面内的分截面数据，以此判断空气流道布置方案优劣，并讨论原因。

4.2.3　表征参数

有两个重要的参数：无量纲化的空气质量流量比和无量纲化的主截面内速度标准偏差，它们分别从流体流量和速度两方面来衡量电堆内的流体分布的均匀性。

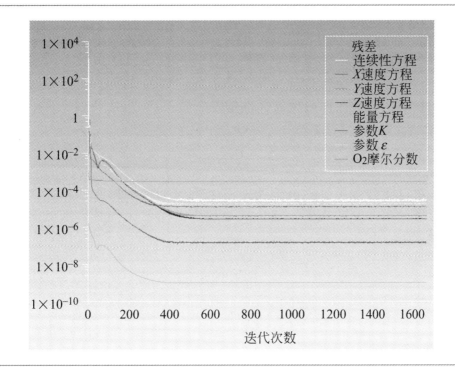

图 4. 4　模型计算的残差曲线

Figure 4. 4　Residual curve of model calculation

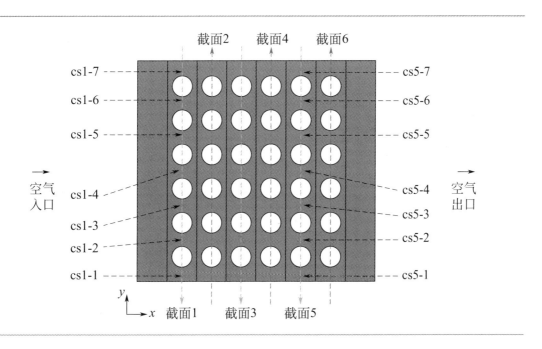

图 4.5　管式 SOFC 堆内空气流动路径的主截面

Figure 4.5　Indexes of the main planes and cross sections within air flow path

（1）无量纲化的空气质量流量比

$$\dot{m}'_{i-j} = \dot{m}'_{i-j} / \left(\sum_{k=0}^{n} \dot{m}_{i-k} / n \right) \tag{4.1}$$

该值大小主要表示每个主截面内通过 T-SOFC 的流体质量与平均流量之比，是 T-SOFC 堆内空气分配质量是否均匀的一个重要参数。

（2）无量纲化的主截面内速度标准偏差

$$\sigma_u = \left\{ \frac{\sum_{j=1}^{N} \left(\frac{(u_j - \bar{u})}{\bar{u}} \right)^2}{N} \right\}^{1/2} \tag{4.2}$$

空气流速分布的变化可以由主截面内 x 速度的标准偏差评估，反映了相关面气体速度分布的分散程度。这个指数越小，代表 T-SOFC 堆电池主截面内的气体越均匀。

4.3 计算结果和讨论

4.3.1 一进一出直线型气道流场

不同的布置方式会影响管状固体氧化物燃料电池堆内每个电池单元空气的输送、排气的收集及电堆的冷却，进而影响电堆的整体性能和寿命。

"一进一出直线型"表示 T-SOFC 堆中空气流动两个流道（进口和出口）被分别布置在相对的两个表面中心位置，二者中心重合成直线。图 4.6 表示一进一出直线型管式 SOFC 的几何模型和主截面及分截面标识图。

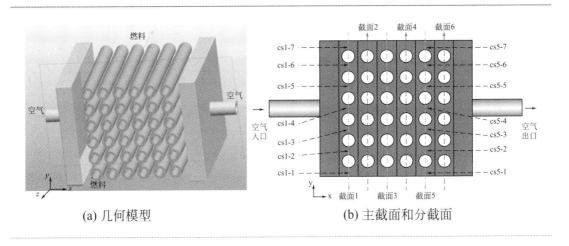

(a) 几何模型　　　　　　　　　(b) 主截面和分截面

图 4.6　一进一出直线型空气流道几何模型和相应的主截面及分截面

Figure 4.6　1 in 1 out air flow path geometry model and the main planes and cross sections

管式固体氧化物燃料电池堆的空气分布质量可以在两个层次上判断：

① 36 个单元 T-SOFC 堆的电堆水平；

② 每一个 T-SOFC 单元表面的单电池水平。

图 4.7 为一进一出直线型电堆内的粒子运动三维速度矢量分布图，直观显示了空气粒子的运动轨迹。由于是湍流状态，电堆内有明显的涡流，有利于堆内流体的均匀分布，但是，由于进口管和出口管布置在两个相对平面的中间位置，空气流动大部分集中在中部区域。因此，大多数的空气流是从进气管导入未经充分反应直接通过出气管运出了电堆。

图 4.8 是分别与三个主截面 $i = 2，4$ 和 6 相垂直的七个分截面内空气的无量纲的质量流量比。显示了一进一出直线型电堆三个主截面 $i = 2，4$ 和 6 内的七个分截面内的无量纲的空气质量比的大小。这个无量纲的量是用来比较不同结构设计与工作条件下的电堆空气分配质量。

图 4.8 空气分布结果显示，三个主截面 $i = 2，4$ 和 6 中大部分的空气流

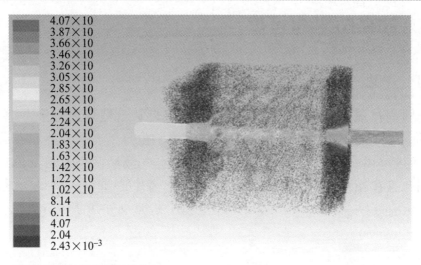

4.07×10	
3.87×10	
3.66×10	
3.46×10	
3.26×10	
3.05×10	
2.85×10	
2.65×10	
2.44×10	
2.24×10	
2.04×10	
1.83×10	
1.63×10	
1.42×10	
1.22×10	
1.02×10	
8.14	
6.11	
4.07	
2.04	
2.43×10⁻³	

速度矢量的大小用颜色表示/(m/s)

图 4.7　一进一出直线型粒子运动轨迹的三维速度矢量分布

Figure 4.7　3D velocity vector distributions of particle motion trails
within the 1 in 1 out line-type air flow path

量通过了分截面 cs-4，即空气进出口位置，这很好地吻合了图 4.6 显示的空气输送过程中的数量分配情况。

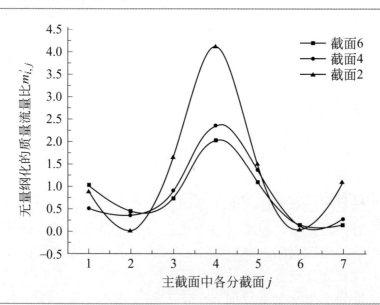

图 4.8　一进一出直线型 2, 4, 6 主截面上的七个分截面内的无量纲化质量流量比

Figure 4.8　No-dimensional air mass flow rates through seven sub cross sections
of plane 2, 4 and 6, respectively within the 1 in 1 out line-type air flow path

影响整个管式 SOFC 堆性能和其耐久性的关键因素，一个是在 36 个管式 SOFC 单位电堆内的空气分布质量，另一个是气流分配在每个固体氧化物燃料电池单元表面的质量。图 4.9(a)～(c) 显示了 1 进 1 出直线型垂直于三平面 $i=2$，4 和 6 内的七个 y-z 子截面的 x 方向空气流速，它们可以间接显示所设计的管式 SOFC 堆内每个单位表面的空气分布质量。很明显，常规设计单个管式固体氧化物燃料电池单元空气流动路径中空气分布质量非常差，最高的 x 速度开始出现在主截面 2，是由于它接近进气管入口，与其他平面相比主平面 6 内 x 速度分布更加均匀，是因为这里是离进气管入口最远的地方，结合图 4.7 和图 4.8 的分析可知，截面 6 内速度虽然均匀但流量比很小。

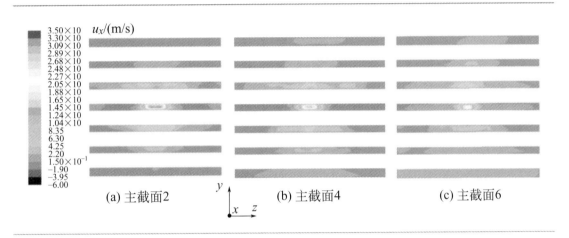

图 4.9　一进一出直线式空气流道中垂直于三截面 $i=2$，4 和 6 内的 y-z 子截面的 x 方向速度

Figure 4.9　The detail u_x perpendicular to the seven y-z sub cross

sections within planes $i=2$, 4 and 6 for 1 in 1 out line-type air flow path

相应的在"线 i-j"的与 i 平面相交的子截面"cs i-j"中心线处 x 速度分布曲线如图 4.10 中的(a)～(c) 所示。显然，x 方向速度 u_x 峰值在 i-4 行 $y=0$ 的位置，即空气进出口位置。

经计算，截面 $i=2$，4 和 6，速度标准偏差分别为 2.06、2.07、1.83。结果表明，这种空气流动路径结构对阳极支撑管式 SOFC 是不可实用的，不利于热量循环，会导致管式 SOFC 堆使用寿命缩短。

为了得到管式固体氧化物燃料电池堆合适的空气流动路径，还需对另外三种备选流道配置设计方案（一进一出 Z 型、二进二出 Z 型、二进二出 U 型）的空气流量分配特性进行分析和比较。

4.3.2　一进一出 Z 型气道流场

一进一出 Z 型空气流道配置方案中相应的粒子运动轨迹的三维速度矢量分布见图 4.11，直观地说明了空气的运动轨迹。很明显，空气流量的绝大部

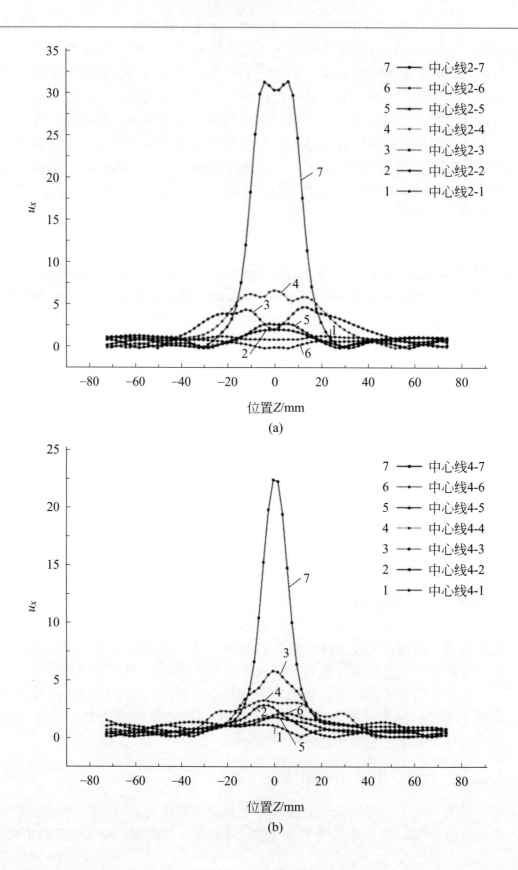

(a)

(b)

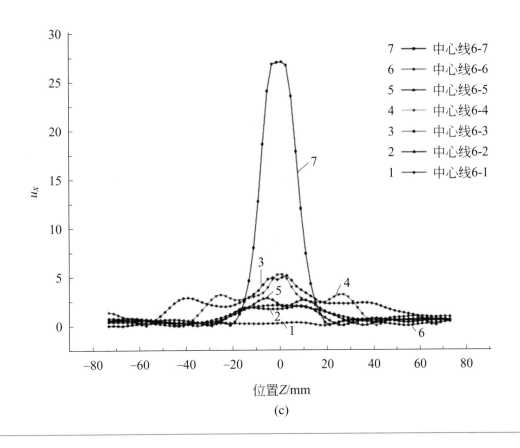

图 4.10 相对应的在 2，4 和 6 的截面内的中心线 "line i-j" 的子截面x 速度u_x 分布

Figure 4.10 The corresponding x-velocities distributions at the center line
"line i-j" of sub cross section in planes 2, 4 and 6

分将通过这种结构的顶部区域。

　　图 4.12 显示了一进一出 Z 型电堆三个主截面 i=2，4 和 6 中的七个分截面内的无量纲的空气质量流量比的大小。与之前的一进一出直线型空气流动路径方案相比，空气流场分布有了明显不同，较大的空气流速出现在 cs i-4，i-5 i-6 平面处，峰值向空气出口处移动，电堆流场内气流分布质量略有改善。

　　一进一出 Z 型垂直于三平面 i=2，4 和 6 内的七个 y-z 子截面的 x 方向空气流速顺次显示在图 4.13（a）～（c）中，它们可以间接显示所设计的管式 SOFC 堆内每个单位表面的空气分布质量。随后的图 4.14 显示了相应的每一个子截面在中心线 "i-j" 的水平速度分布，来说明相应的管式固体氧化物燃料电池单元表面的气流速度分布的变化。

　　相比一进一出直线型的空气流动路径，在 2，4 和 6 平面内最大的 x 速度从 31.6m・s^{-1}，27.1m・s^{-1} 和 22.2m・s^{-1} 分别降低到 25.4m・s^{-1}，21.8m・s^{-1} 和 14.5m・s^{-1}，这意味着不仅峰值降低，流动均匀，而且更多的空气流会被送入其他位置。

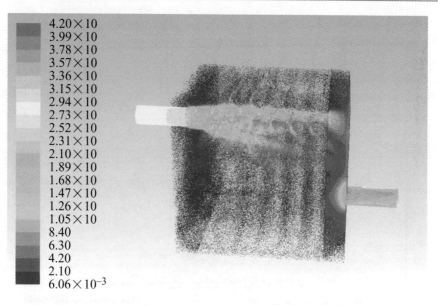

4.20×10
3.99×10
3.78×10
3.57×10
3.36×10
3.15×10
2.94×10
2.73×10
2.52×10
2.31×10
2.10×10
1.89×10
1.68×10
1.47×10
1.26×10
1.05×10
8.40
6.30
4.20
2.10
6.06×10^{-3}

速度矢量的大小用颜色表示/(m/s)

图 4.11　一进一出 Z 型粒子运动轨迹的三维速度矢量分布

Figure 4.11　3D velocity vector distributions of particle motion trails within the 1 in 1 out Z-type air flow path

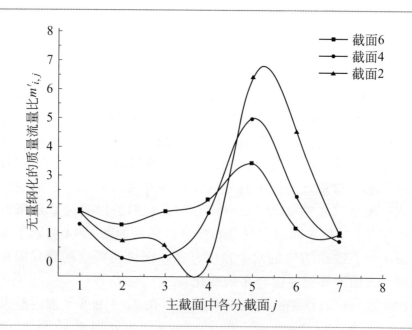

图 4.12　一进一出 Z 型 2，4，6 主截面上的七个分截面内的无量纲化质量流量比

Figure 4.12　No-dimensional air mass flow rates through seven sub cross sections of plane 2，4 and 6, respectively within the 1 in 1 out Z-type air flow path

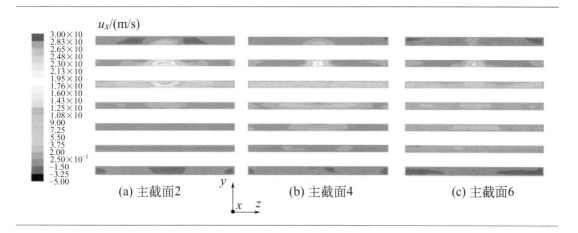

$u_x/(\text{m/s})$

3.00×10
2.83×10
2.65×10
2.48×10
2.30×10
2.13×10
1.95×10
1.76×10
1.60×10
1.43×10
1.25×10
1.08×10
9.00
7.25
5.50
3.75
2.00
2.50×10^{-1}
-1.50
-3.25
-5.00

(a) 主截面2　　　(b) 主截面4　　　(c) 主截面6

图 4.13　一进一出 Z 型空气流道中垂直于三截面 $i=2$，4 和 6 内的 y-z 子截面的 x 方向速度 u_x
Figure 4.13　The detail u_x perpendicular to the seven y-z sub cross sections
within planes $i=2$, 4 and 6 for 1 in 1 out Z-type air flow path

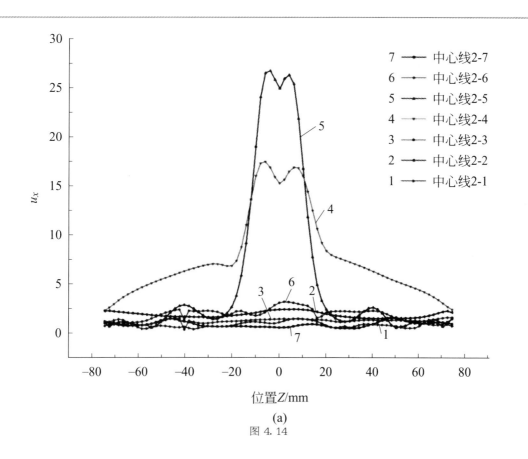

7 —●— 中心线2-7
6 —●— 中心线2-6
5 —●— 中心线2-5
4 —●— 中心线2-4
3 —●— 中心线2-3
2 —●— 中心线2-2
1 —●— 中心线2-1

位置Z/mm

(a)
图 4.14

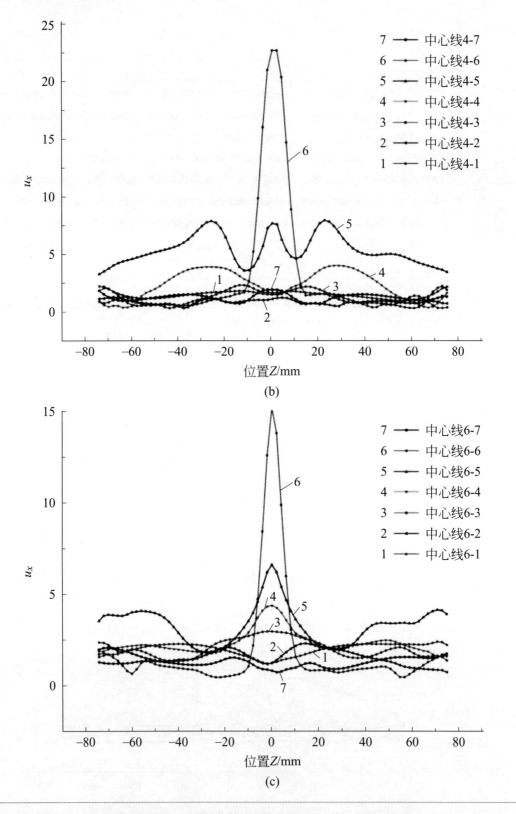

图 4.14　相对应的在 2，4 和 6 截面内的中心线"线i-j"的子截面x速度u_x分布

Figure 4.14　The corresponding x-velocities distributions at the center line "line i-j" of sub cross section in planes 2, 4 and 6

在主截面 $i=2$，4 和 6 平面上 x 速度的标准方差经计算得出分别为 1.819，1.489 和 0.819，很显然，相比一进一出直线型配置方案，使用一进一出 Z 型空气流动路径配置方案可在管式固体氧化物燃料电池单元表面获得较好的空气流量分布质量。

4.3.3 二进二出 Z 型气道流场

图 4.15 直观显示了二进二出 Z 型空气流道路径配置方案中粒子运动轨迹的三维速度矢量分布，在这种空气配置方案中，大部分空气流将集中从靠近电堆底部的区域流过。

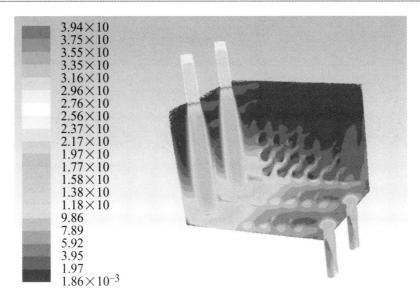

速度矢量的大小用颜色表示/(m/s)

图 4.15　二进二出 Z 型粒子运动轨迹的三维速度矢量分布

Figure 4.15　3D velocity vector distributions of particle motion trails within the 2 in 2 out Z-type air flow path

随后的三个主截面 $i=2$，4 和 6 中的七个分截面内的无量纲的空气质量流量比的大小反映在图 4.16 中，靠近空气入口处 cs i-1 获得了空气质量流量的大部分。相比一进一出直线型设计，使用二进二出 Z 型 36 单元的管式 SOFC 的空气流量分布质量得到提高。

图 4.17 分布显示了与主截面 $i=2$，4 和 6 中七个 y-z 子截面垂直相交的 x 速度 u_x 分布，随后的图 4.18 中显示了分布在中心线，i-j 的每个截面内相应的水平速度，相比一进一出直线型和一进一出 Z 型设计，这种二进二出 Z

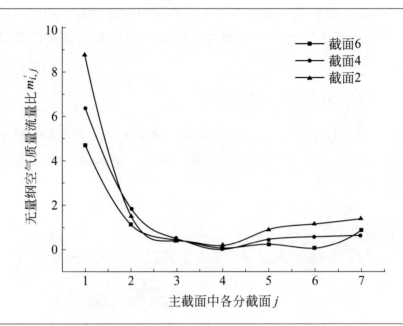

图 4.16　二进二出 Z 型 2，4，6 主截面上的七个分截面内的无量纲化质量流量比

Figure 4.16　No-dimensional air mass flow rates through seven sub cross sections of plane 2, 4 and 6, respectively within the 2 in 2 out Z-type air flow path

型设计的空气流动路径配置内空气流分布均匀性得到更大的提高。气流分布在主平面 2，4 和 6 的统计计算得出的标准偏差的 x 速度 u_x 分别为 1.016，1.111 以及 1.117。

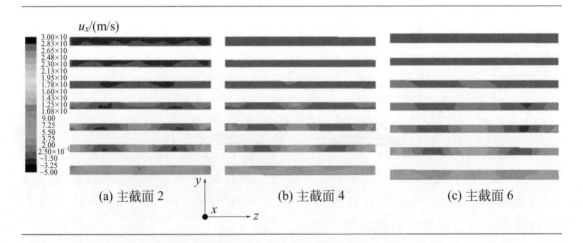

图 4.17　二进二出 Z 式空气流道中垂直于三截面 $i = 2$，4 和 6 内的 y-z 子截面的 x 方向速度 u_x

Figure 4.17　The detail u_x perpendicular to the seven y-z sub cross sections within planes $i = 2$, 4 and 6 for 2 in 2 out Z-type air flow path

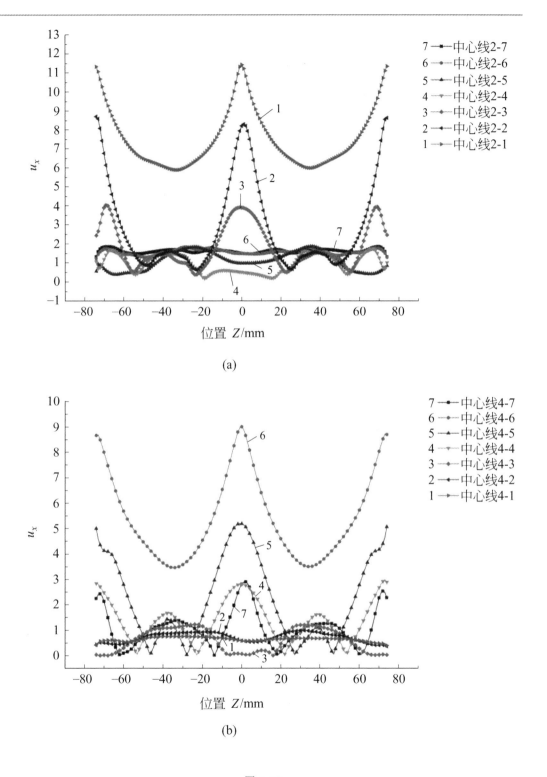

图 4.18

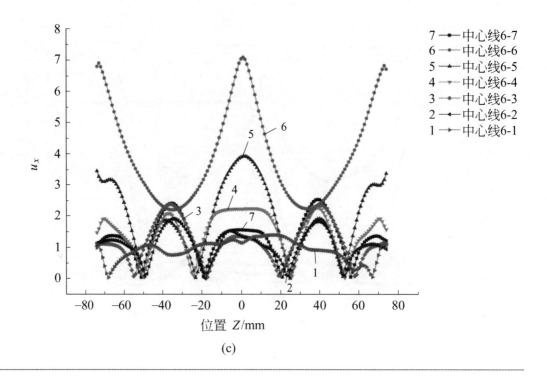

图 4.18　相对应的在 2, 4 和 6 截面内的中心线 "线 i-j" 的子截面 x 速度 u_x 分布

Figure 4.18　The corresponding x-velocities distributions at the center line "line i-j" of sub cross section in planes 2, 4 and 6

4.3.4　二进二出 U 型气道流场

图 4.19 直观显示了二进二出 U 型空气流道路径配置方案中粒子运动轨迹的三维速度矢量分布。

在这种空气配置方案中，大部分流量都集中在模型的顶端，在模型的底端流量相比中心处也较大，中心处获得的流量很少。

随后的三个主截面 $i=2$, 4 和 6 中的七个分截面内的无量纲的空气质量流量比的大小反映在图 4.20 中，靠近空气入口处 cs i-1 获得了大部分的空气质量流量。

同时相比二进二出 Z 型而言，在 cs i-7 也获得了较多的质量流量。相比一进一出直线型设计，使用二进二出 U 型 36 单元的管式 SOFC 的空气流量分布质量得到更大的提高。

图 4.21 分布显示了与主截面 $i=2$, 4 和 6 中七个 y-z 子截面垂直相交的 x 速度 u_x 分布，随后的图 4.22 中显示了分布在中心线 i-j 的每个截面内相应

3.97×10
3.77×10
3.57×10
3.37×10
3.18×10
2.98×10
2.78×10
2.58×10
2.38×10
2.18×10
1.98×10
1.79×10
1.59×10
1.39×10
1.19×10
9.92
7.94
5.95
3.97
1.99
1.45×10⁻³

矢量的大小用颜色表示/(m/s)

图 4.19　二进二出 U 型粒子运动轨迹的三维速度矢量分布

Figure 4.19　3D velocity vector distributions of particle motion trails

within the 2 in 2 out U-type air flow path

的水平速度，相比一进一出直线型和一进一出 U 型设计，这种二进二出 U 型设计的空气流动路径配置内空气流分布均匀性得到更大的提高，但相比二进二出 Z 型设计，分布均匀性变化不大。气流分布在主平面 2，4 和 6 的统计计算得出的标准偏差的 x 速度 u_x 分别为 1.064，1.087 以及 0.765。

　　如图 4.23 所示的四种类型管式固体氧化物燃料电池堆的空气流动路径结构（一进一出直线型、一进一出 Z 型、二进二出 Z 型和二进二出 U 型）在平面 2，4 和 6 内 x 速度的标准偏差的比较，可以表明在每个管式固体氧化物燃料电池单元表面空气流分布质量，四种结构中两种一进一出型和两种二进二出型有很大区别，二进二出型要明显优于一进一出型，Z 型和 U 型优于直线型，但 Z 型和 U 型差距不大，所以可以认为这四种方案中二进二出 U 型是更好的选择。

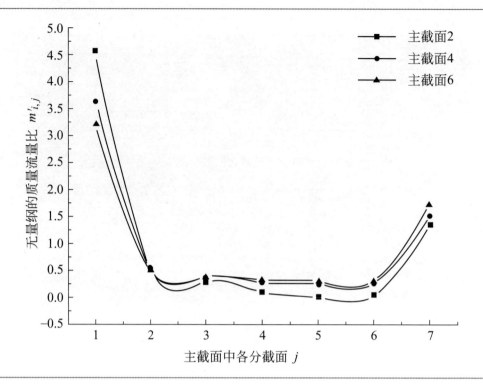

图 4.20　二进二出 U 型三个主截面上的七个分截面内的无量纲的质量流量比

Figure 4.20　No-dimensional air mass flow rates through seven sub cross sections of plane 2, 4 and 6, respectively within the 2 in 2 out U-type air flow path

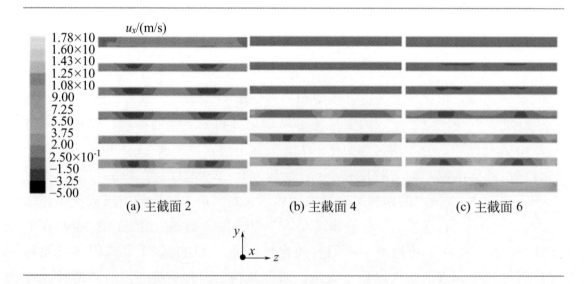

图 4.21　二进二出 U 型空气流道中垂直于三截面i = 2, 4 和 6 内的y-z 子截面的x 方向速度图

Figure 4.21　The detail u_x perpendicular to the seven y-z

sub cross sections within planes i = 2, 4 and 6 for 2 in 2 out U-type air flow path

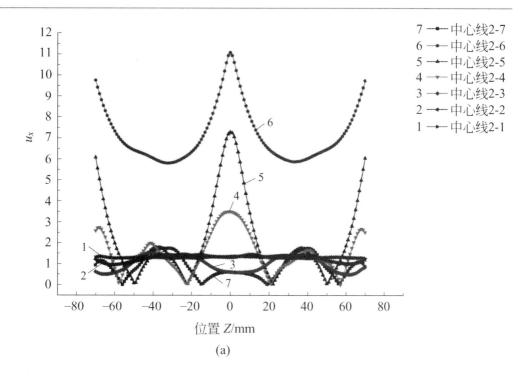

(a)

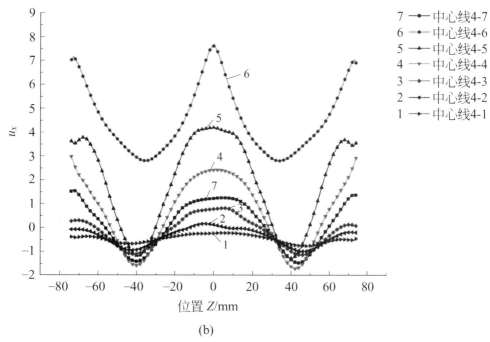

(b)

图 4.22

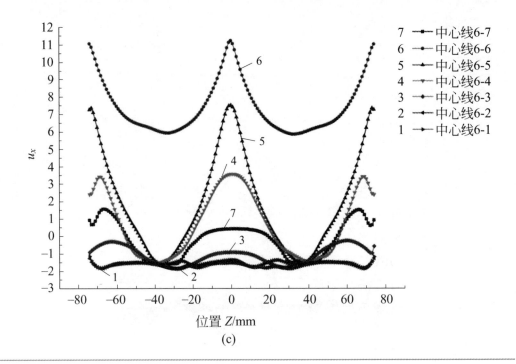

(c)

图 4.22 相对应的在 2，4 和 6 的截面内的中心线 "线i-j" 的子截面 x 速度 u_x 分布

Figure 4.22 The corresponding x-velocities distributions at the center line "line i-j" of sub cross section in planes 2, 4 and 6

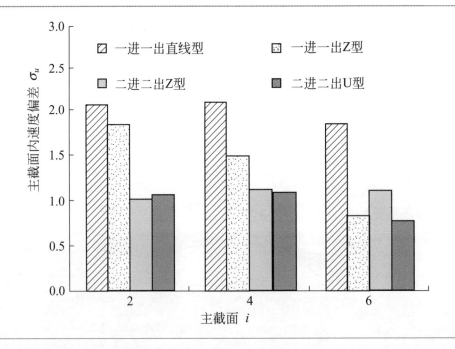

图 4.23 四种类型管式固体氧化物燃料电池堆的空气流动路径结构（一进一出直线型、一进一出 Z 型、二进二出 Z 型和二进二出 U 型）在平面 2，4 和 6 内 x 速度的标准偏差的比较

Figure 4.23 Comparison of the overall nominated standard deviations of x-velocities σ_u over plane 2, 4 and 6 among the 1 in 1 out line-type, 1 in 1 out Z-type, 2 in 2 out Z-type and 2 in 2 out U-type air flow path structures using in T-SOFC stacks respectively

4.4　本章小结

本章首先分析了目前主流的阴极支撑型固体氧化物燃料电池的优势，同时也揭示了其面临的不足，提出发展阳极支撑型固体氧化物燃料电池的解决方案。着重指出发展阳极支撑型的关键点是解决电堆内的空气流量均匀分布难题。随后，通过建立阳极支撑型电堆的空气流动路径的三维流场分析模型，分别计算得出了一进一出直线型、一进一出 Z 型、二进二出 Z 型和二进二出 U 型的电堆单元表面和单元间的空气流动路径和空气分配质量。

（1）新出现的集流设计有效地降低了电极与连接体之间的电流传导路径，缩小了 AST-SOFC 与 CST-SOFC 的欧姆损耗差距，采用阳极支撑型单元设计的替代方案可有效解决阴极支撑型 SOFC 的次生问题。

（2）建立管式阳极支撑型 SOFC 电堆内空气流道的三维流场分析模型，使用两个重要参数：空气质量流量比和速度标准偏差，分别从流体流量和速度两方面来衡量不同空气流道结构设计方案中流体分布的均匀性。

（3）一进一出直线型设计方案计算得出，在主截面 $i=2$，4 和 6 平面上 x 速度的标准方差经计算得出分别为 2.06、2.07、1.83。结果表明，这种空气流动路径结构对阳极支撑管式 SOFC 是不可实用的，不利于热量循环。

（4）一进一出 Z 型设计方案计算得出，在主截面 $i=2$，4 和 6 平面上 x 速度的标准方差经计算得出分别为 1.819，1.489 和 0.819。显然，相比一进一出直线型配置方案，使用一进一出 Z 型空气流动路径配置方案可获得较好的空气流量分布。

（5）二进二出 Z 型设计方案计算得出，在主截面 $i=2$，4 和 6 平面上 x 速度的标准方差经计算得出分别为 1.016，1.111 以及 1.117，二进二出 U 型设计方案计算得出，在主截面 $i=2$，4 和 6 平面上 x 速度的标准方差经计算得出分别为 1.064，1.087 以及 0.765。分析可得，二进二出 U 型流道配置可以使气流分布更均匀，相比目前现有的一进一出直线型技术方案有较大的改善，但电堆的空气流量分布还需进一步改善。

第5章

管式SOFC电堆空气分配的优化设计方案

5.1 阳极支撑型管式 SOFC 堆的空气分配方案论证分析

5.1.1 电堆设计模型的演化规律

阳极支撑型管式固体氧化物燃料电池堆（AST-SOFC）由多个电池单元组成，电池单元管内侧为燃料流道，管外侧为空气分配区域。

单电池之间通过串联和并联结合，管外空气的均匀分布可以使得整个电堆保持负载和电流均匀分布，若电堆中部分单电池区域的不均匀而负荷过大会导致电堆作为一个整体的性能退化甚至供电失败，只有在电池管道的横向和纵向都得到充足的氧化物和燃料才能充分发挥出电堆的性能，对于电池外表面分配空气的 AST-SOFC 电堆而言，由于管内的燃料气布置简单，因而分配相对均匀，那么对管外空气的分配质量研究设计就至关重要，在很大程度上决定了电堆的性能。

同时第 1 章绪论部分介绍目前 SOFC 发电系统正在努力实现从千瓦级到兆瓦级的跨越，功率密度不断提高，电堆中各部件承受更大的热应力。阴极支撑型管式 SOFC 管外是燃料，无法通过加大燃料气输送带走热量，因为那样无疑会降低燃料利用率，使 SOFC 失去高效的优势。而我们研究的阳极支撑管式 SOFC 管外是空气，空气不仅是氧化剂，也是热量传递的主要载体，直接关系到电堆内部的温度和热应力梯度分布，合理分布输送空气可以消除堆内热点并提供足够多的流量来支持电堆性能的提升。

由第 4 章的内容可知，对于现有的一进一出直线型的空气分配模型，如图 5.1 所示。空气流道的出入口主管道处在同一水平线上，流体从电堆的一侧流入，并直接从另一侧的出口流出，空气在燃料电池中的分布非常不均匀。计算结果表明，由于进口管和出口管布置在两个相对平面的中间位置，空气流动大部分集中在中部区域。因此，大多数的空气是从进气管导入未经充分反应直接通过出气管运出了电堆。这种空气流动路径结构不利于热量循环，会导致管式 SOFC 堆使用寿命大大缩短，有相关文献证实这种方案下对阳极支撑管式 SOFC 堆是不可实用的，也正因为此，目前阴极支撑管式 SOFC 发展良好而阳极支撑型管式 SOFC 目前发展缓慢，所以亟待我们去找出突破技术难点的方案。

我们尝试着改变进出管道位置，把原来的入口管道放置在电池左边高度由上往下的 1/4 位置处，出口管道放置在电池右边由下往上的 1/4 位置处，使出入口主管道轴线位置不再成一条直线而呈现 Z 型走势，一进一出 Z 型空气流道设计，如图 5.2 所示。

计算结果可知，相比较一进一出直线型空气流道设计而言，空气进入电

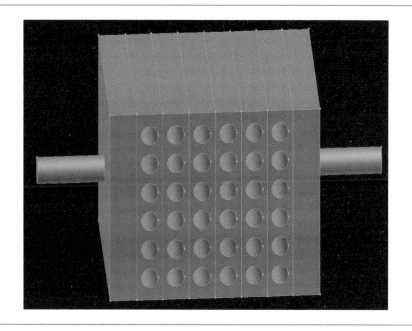

图 5.1　一进一出直线型管式固体氧化物燃料电池结构

Figure 5.1　Sketch diagram of 1 in 1 out line-type T-SOFC

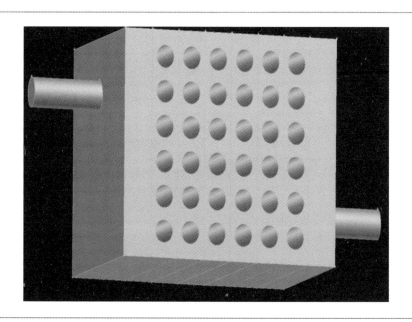

图 5.2　一进一出 Z 型管式固体氧化物燃料电池结构

Figure 5.2　Sketch diagram of 1 in 1 out Z-type T-SOFC

堆后由于气体要从位于较下方的出口流出所以增加了空气在电堆中的流程。空气流量的绝大部分将通过这种结构的顶部区域,空气流场分布有了明显不同,较大的空气流速峰值向空气出口处移动,气流速度峰值降低,流动均匀,更多的空气流会被送入其他位置，电堆流场内气流分布质量略有改善，但整个电池内部的空气分布仍然不够均匀，需要寻求更好的方案。

从上面图 5.1 和图 5.2 的分析结果可以看出，一进一出 Z 型气体速度分布比一进一出直线型的更均匀，即气体沿着 x 轴方向流动距离越长，气体往两边输送的越多，整体流场的分布会更均匀。我们想办法让气体流动的流程进一步延长流场就会进一步均匀。由于燃料电池堆尺寸的限制，一进一出可能的最长流程无法进一步增加了，所以我们想到可以用两个管道来输送空气，相当于流程加倍，于是出现了下面两种方案（二进二出 Z 型和二进二出 U 型，见图 5.3 和图 5.4 所示）与之前方案的对比的研究。

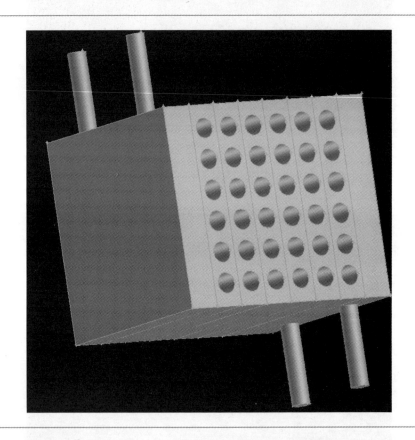

图 5.3　二进二出 Z 型管式固体氧化物燃料电池结构

Figure 5.3　Sketch diagram of 2 in 2 out Z-type T-SOFC

5.1.2　一进一出直线型和二进二出 U 型的对比分析

下面就针对传统一进一出直线型和二进二出 U 型这两种不同的电堆模型从横向和纵向分别进行具体比较分析，寻找空气分配不均的原因。

传统的一进一出管式电堆由 36 根管电池组成，取第 1，3，5 截面（之前第 4 章是 2，4，6 截面）的流量，得出流量分布图，如图 5.5 所示。

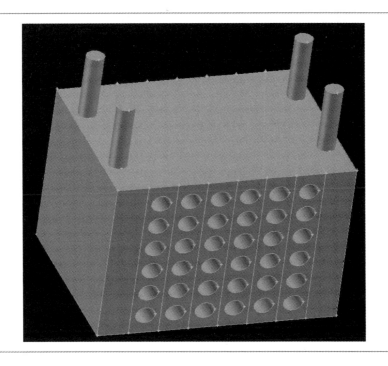

图 5.4 二进二出 U 型管式固体氧化物燃料电池结构

Figure 5.4 Sketch diagram of 2 in 2 out U-type T-SOFC

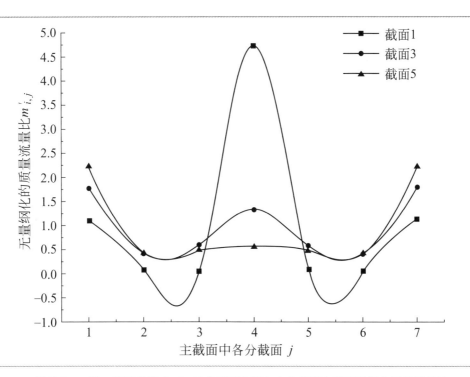

图 5.5 一进一出直线型 1, 3, 5 主截面上的七个分截面内的无量纲化质量流量比

Figure 5.5 No-dimensional air mass flow rates through seven sub cross sections of plane1, 3 and 5, respectively within the 1 in 1 out line-type air flow path

从图 5.5 中可以看出第一排中心部分的流量很大，在第三和第五排的时候流量集中在模型的外侧，这使得模型整体的流量分布很不均匀，再通过观察单电池之间的流速分布，来研究单电池横向的流量分布情况。通过计算单电池之间的流量速度分布可以直观地了解单电池横向的流量分布情况。

从图 5.6(a) 可以发现模型中心处的空气流速最大，而其他地方电池获得的空气流量很低，图 5.6(b) 中中间得到的空气流速也很高，但是相对图（a）来说有所下降，且模型最上面和最下面的电池获得的空气流速变大，图 5.6 (c) 接近出口处，可以看出模型最上和最下的空气流速最大，模型的中心处流速逐渐变小，模型最上和最下流量变大，因为有一半的流量进入模型后在第一排电池的阻挡下流量开始向模型上下两侧分流。且中心处的流动阻力大，空气进入模型后在流动阻力的影响下就开始向模型外侧流动导致接近出口处流量集中在模型两侧。

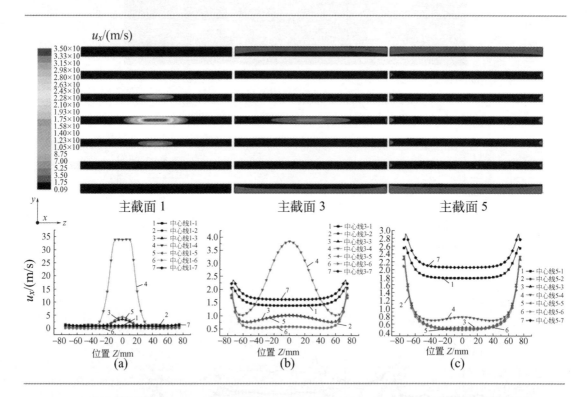

图 5.6　一进一出直线式空气流道布置中垂直于三截面 i = 1，3 和 5 内的七个 y-z 子截面的 x 方向
速度图和相对应的在 1，3 和 5 的截面内的中心线'line i-j'的子截面 x 速度分布
Figure 5.6　The detail u_x perpendicular to the seven y-z sub cross sections within
planes i = 1, 3 and 5 for 1 in 1 out line-type air flow path and the corresponding x-velocities
distributions at the center line "line i-j" of sub cross section in planes 1, 3 and 5

二进二出 U 型的模型获得的空气流量比如图 5.7 所示，从图中的流量分布情况来看，大部分流量都集中在模型的顶端，在模型的底端流量相比中心处也较大，中心处获得的流量很少。

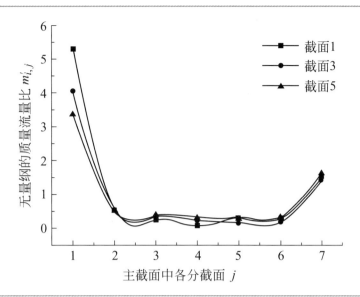

图 5.7　二进二出 U 型 1，3，5 主截面上的七个分截面内的无量纲的质量流量比

Figure 5.7　No-dimensional air mass flow rates through seven sub cross sections of plane = 1，3 and 5，　respectively within the 2 in 2 out U-type air flow path

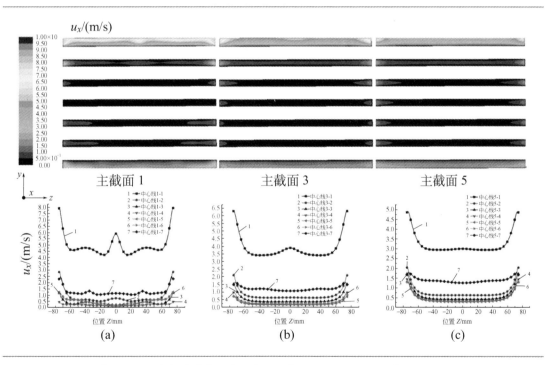

图 5.8　二进二出 U 型空气流道布置中垂直于三截面 i = 1，3 和 5 内的七个 y-z 子截面的 x 方向速度图和相对应的在 1，3 和 5 的截面内的中心线 "线 i-j" 的子截面 x 速度分布

Figure 5.8　The detail u_x perpendicular to the seven y-z sub cross sections within planes i = 1，3 and 5 for 2 in 2 out U-type air flow path and the corresponding x-velocities distributions at the center line "line i-j" of sub cross section in planes 1，3 and 5

图 5.8 为二进二出 U 型空气流道布置中垂直于三截面 $i=1$，3 和 5 内的七个 y-z 子截面的 x 方向速度和相对应的在 1，3 和 5 的截面内的中心线"线 i-j"的子截面 x 速度分布。

从图 5.8 可以看出，将一进一出模式改为二进二出模式，能够让空气在电池内的流动分布得更加均匀，因此这种改进方案相对原来一进一出模式是一个较好的优化方向，改变空气进出管的位置也能在一定程度上改变和控制气体的流动分布均匀性。但这种方案流量一直都集中在模型最上侧，接近出口处最底下电池处获得的流量也有所增加，其余部分获得的空气流量却一直很少，由于空气进入模型后，在动量的作用下直接到达模型顶部，模型中心处的流动阻力大，流量很难穿过中心处，整个模型的空气流量分配仍不均匀，仍需进一步分析原因和改进设计。

5.2　新型阳极支撑管式 SOFC 堆的模型计算

本课题不限于上面四种方案的数值计算分析，考虑多种结构参数影响，包括进出口主管直径、进出口主管截面形式、进出口主管数、进出口主管布置位置、歧管数、歧管长度及歧管形状等，综合分析多种设计方案优化得出了一种针对阳极支撑型管式 SOFC 堆的新型空气分配器。

图 5.9 为针对阳极支撑型管式 SOFC 的新型空气分配优化设计方案整体结构图。

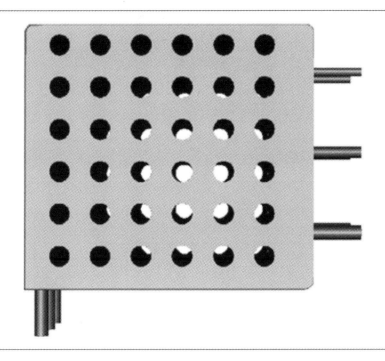

图 5.9　新型空气分配优化设计方案整体结构
Figure 5.9　Whole structure of the new optimal type air flow path

图 5.9 所示，新型空气分配方案做了如下改进：针对模型空气入口侧和顶部流量过大进行优化，优化后的新模型入口侧相对于出口侧、顶部相对于底部流通截面变窄；为了提高进、出电堆空气的均匀性，入口布置 3 根空气输入歧管，出口布置 2 排共 6 根收集管，收集管管径从上到下由小变大；入口主管道系列歧管和出口尾气收集系列歧管，两者排列方向呈相互垂直特性，使空气在电堆中的流动兼顾了纵向和横向的均匀性；空气分配器除入口处那个角，其余 3 个角用圆弧设计，减少了空气流动在分配器直角处的局部压力损失。

新型空气分配优化模型中粒子运动轨迹的三维速度矢量分布如图 5.10 所示。

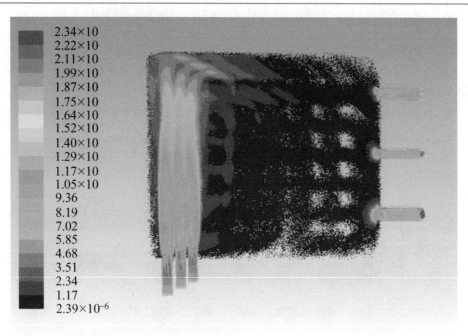

2.34×10
2.22×10
2.11×10
1.99×10
1.87×10
1.75×10
1.64×10
1.52×10
1.40×10
1.29×10
1.17×10
1.05×10
9.36
8.19
7.02
5.85
4.68
3.51
2.34
1.17
2.39×10⁻⁶

速度矢量的大小用颜色表示/(m/s)

图 5.10　新型空气分配优化模型中粒子运动轨迹的三维速度矢量分布
Figure 5.10　3D velocity vector distributions of particle motion trails
within the new optimal type air flow path

空气流量在主截面 $i=2$，4，6 内的分配情况如图 5.11 所示。

优化后的模型最上一层的流量下降明显，模型的第二层流量增加，因此也使得整个模型的流量因为第一层流量的下降而其他层的流量有所增加。根据之前的模型计算的结果可以看出模型标准流量率在 0.5 以下的占大部分，一进一出模型标准流量率的平均值为 0.99，二进二出的标准流量率的平均值为 1.04，新型设计模型的标准流量率的平均值为 1.65，且从模型流量分布图可以看出优化后的模型流量标准流量率在 0.5 以上的为 0.872，一进一出模型流量标准流量率在 0.5 以上的为 0.381，二进二出的模型流量标准流量率在 0.5 以上的为 0.286，优化后的模型流量分布较之前的模型有全面的改善。

图 5.12 为新型空气分配优化设计中垂直于四截面 $i=2$，4 和 6 内的七个 y-z 子截面的 x 方向速度图。

图 5.13 是电堆内相对应的在 2，4 和 6 的截面内的中心线 "线 i-j" 的子截面 x 速度分布图。

从图 5.12 和图 5.13 可以看出电池之间的空气流速较二进二出 U 型布置模型的速度分布有了非常大的提高，单电池之间的流速增大后电池获得的空

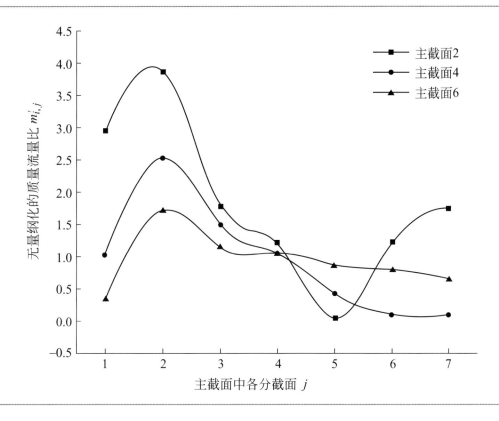

图 5.11　新型空气分配优化设计中 2，4，6 主截面上的分截面内的无量纲化的质量流量比

Figure 5.11　No-dimensional air mass flow rates through seven sub cross sections of plane 2, 4 and 6, respectively within the new optimal type air flow path

气充足，保证了电池高效率的输出功率。

图 5.14 是单排出口 3 根歧管（两排歧管分布相同）的流量分布情况，由于采用了逐步递增的管径，有效抑制了顶部流量，实现了各搜集管流量的均匀分布，三根支流管的流量接近，设计可行。

一进一出直线式和新型空气分配优化模型的温度场对比如图 5.15 所示。

由图 5.15 可知一进一出直线型空气流量主要分布在从入口到出口轴线附近，空气流量的不均匀导致了电堆上下部分都处于高温区，而新型空气分配方案中只有电堆下出口侧局部很小范围内处于高温。

图 5.16 显示了一进一出直线式和新型空气分配方案中氧气摩尔分数的对比。结果显示一进一出直线型从入口到出口轴线附近氧气摩尔分数高，而电堆顶端和底部大片区域是氧气耗尽区，新型空气分配方案实现了大部分区域氧气摩尔分数均匀，电堆下出口侧局部小范围内氧气摩尔分数低。

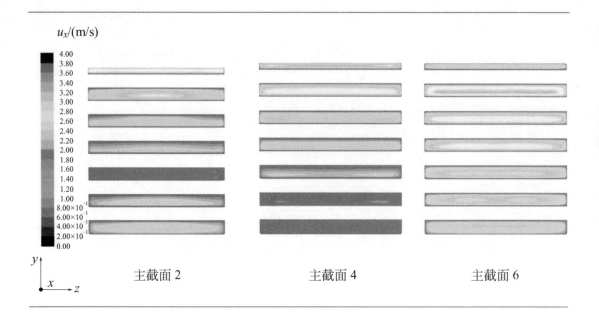

图 5.12 新型空气分配优化设计中垂直于三截面 $i = 2$, 4 和 6 内的七个 y-z 子截面的 x 方向速度图

Figure 5.12 The detail u_x perpendicular to the seven y-z sub cross sections within planes $i = 2$, 4 and 6 for the new optimal type air flow path

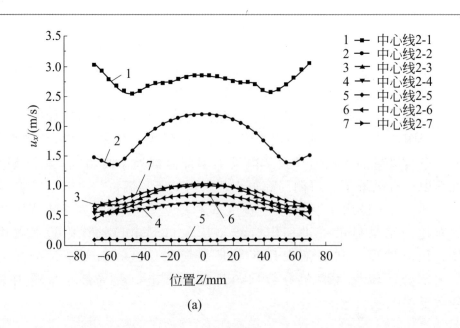

(a)

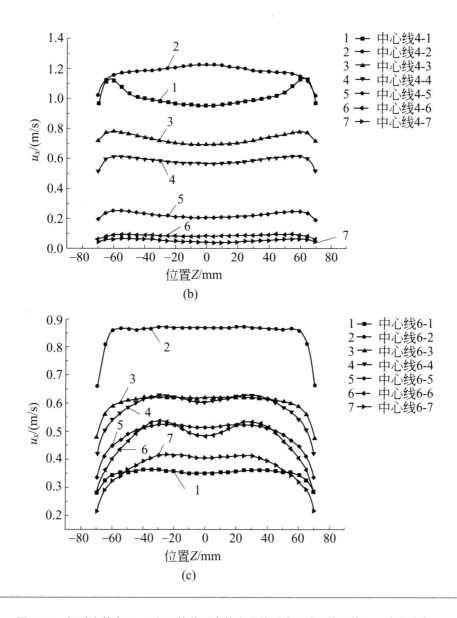

图 5.13　相对应的在 2, 4 和 6 的截面内的中心线 "线 i-j" 的子截面 x 速度分布

Figure 5.13　The corresponding x-velocities distributions at the center line "line i-j" of sub cross section in planes 2, 4 and 6

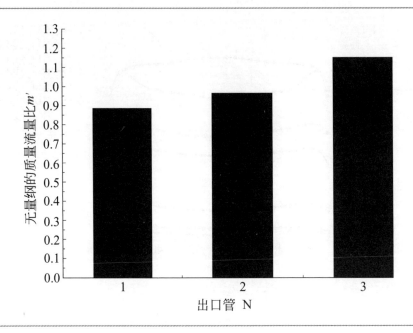

图 5.14　单排出口三根歧管的无量纲的质量流量比

Figure 5.14　No-dimensional air mass flow rates in 3 outlet branch pipes

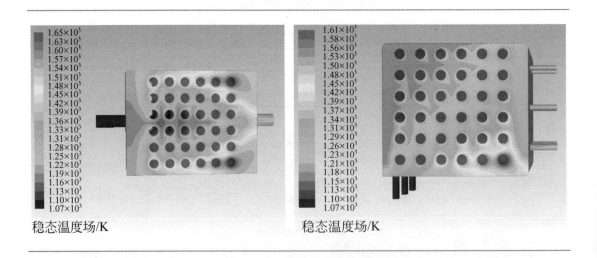

图 5.15　一进一出直线式和新型空气流道布置内的温度场对比

Figure 5.15　Comparison of temperature field between
1 in 1 out line-type and the new type air flow path

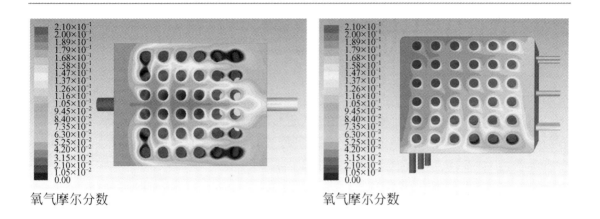

图 5.16　一进一出直线式和新型空气分配方案中氧气摩尔分数的对比
Figure 5. 16　Comparison of O_2 mole fraction between
1 in 1 out line-type and the new type air flow path

5.3 优化结果讨论

本书得出的针对阳极支撑型管式 SOFC 的新型空气分配优化方案在如下方面进行了改进设计。

(1) 沿 SOFC 单元管长度方向在空气入口平均布置了 3 根管,从下侧面输送空气。对应的入口空气流量分入 3 个歧管,歧管内流速降为原来 1/3,从而有利于提高 SOFC 单元间的空气分配均匀性。

(2) 分配器顶部相对于底部,入口侧相对于出口侧,均采用了截面缩窄的设计。通过增加流动路径流动阻力的方式,降低分配器左侧和顶部区域附近的空气静压强,避免过多的空气通过分配器的左侧和顶部绕过电池单元排列区未经反应直接流出,使更多的气流受迫进入电池单元区域,从而改善空气在电池单元间的空气分配质量。

(3) 沿 SOFC 单元管长度方向在电堆右侧空气出口布置了两排尾气收集管,每排的 3 根管,从上到下管径由小到大变化,具有阻力减小的特性,使得分配器右侧的尾部收集区压力从上到下压力增加的问题得到缓解。

(4) 入口主管道系列歧管和出口尾气收集系列歧管,两者排列方向呈相互垂直特性,使空气在电堆中的流动兼顾了纵向和横向的均匀性,从而改善了空气在电池单元间及 SOFC 单元表面的空气分配质量。

(5) 空气分配器除入口处那个角,其余 3 个角采用圆弧设计。圆弧设计减少了空气流动在分配器直角处的局部压力损失,使空气从入口到出口流动更连续,非电池排列区的空气更多参与电池排列区的反应,提高了空气利用率,减少了空气泵入功。

(6) 通过调整分配器左窄右宽,上窄下宽,尾气收集管径大小比例,调整空气路径各段流动阻力,达到入口空气各歧管的均匀输入和出口尾气各收集歧管均匀输出,实现空气在电池单元排列区内的均匀分布。

与目前现有的技术方案相比,本书优化方案具有以下优点。

(1) 针对阳极支撑型管式 SOFC 电堆,进行了外部空气分配器的设计,基于 SOFC 电堆内部流动分布的一般规律,对影响流动分布的主要区域进行合理设计。其最突出优点在于,在空气外部分配的前提下,实现空气在阳极支撑型 SOFC 管单元间(堆层面),以及电池单元管阴极外表面(电池单元层面)较均匀的空气分配质量。计算结果显示,最终优化方案相比目前的一进一出方案,各主截面内速度标准偏差从 4.0401 降为 0.9915,无量纲的质量流量比从 0.5 以上占 38.1% 提升到 0.5 以上占 87.2%,实现了电堆中空气较均匀分配。

(2) 本外部空气分配器的设计方案,可支持阳极支撑型 SOFC 管式电堆设计得到可靠的空气分配质量，从而有利于克服传统以阴极支撑型为主的管式 SOFC 电堆的不利因素，为阳极支撑型管式 SOFC 电堆的发展提供重要支持。应用阳极支撑型管式 SOFC 结构相对于阴极支撑型管式 SOFC 的优势包含以下几点。

① 浓差损失优势：阳极支撑结构阳极分布在管道内侧，外侧为较薄的阴极，从而大幅度减小大分子的氧气在阴极的浓差损失。

② 欧姆损失优势：由于还原气氛下阳极主要以金属颗粒作为导电介质，其电子电导率明显优于阴极的陶瓷材料电导率，加之管式电池单元内侧电极具有长的电流收集路径的缺点，因此阳极作为支撑层处在管式电池内侧，阴极在外侧配置更为灵活的电流收集件，可大幅度降低欧姆损失。

③ 燃料通过电池单元管内侧传输，可保证燃料的流速和流动阻力，进而大幅度提高管式 SOFC 电堆的燃料利用率。

④ 利用率低的空气通过外部宽阔的流道分配，具有较低的流动阻力和压力，一方面可减少泵入机械的能量消耗，同时降低管内外燃料侧和空气侧的压力差，从而降低泄漏风险，以及阴极和连接体间电流收集层的气蚀剥落风险，提高电池寿命。

⑤ 阳极处在 SOFC 单元内侧管道，有利于防护并避免阳极材料的重新氧化。

5.4　本章小结

本章通过分析总结第4章中四种空气分配方案，得出改善空气分配质量的方向和方法，并综合考虑多种结构参数影响，包括进出口主管直径、进出口主管截面形式，进出口主管数、进出口主管布置位置、单电池间距、单电池长度等因素，提出了一种新型的空气流道优化设计方案，应用电堆的多物理场模型计算分析。

（1）新设计方案采用3进6出直角布置型式，进气歧管3根，尾气歧管2排共6根；顶部相对于底部，入口侧相对于出口侧，均采用了截面缩窄的设计；空气分配器除入口处的角，其余3个角用圆弧设计。

（2）通过调整分配器左窄右宽，上窄下宽，尾气收集管径大小比例，调整空气路径各段流动阻力，达到入口空气各歧管的均匀输入和出口尾气各收集歧管均匀输出，实现空气在电池单元排列区内的均匀分布。

（3）最终优化方案相比目前的一进一出方案，各主截面内速度标准偏差从4.0401降为0.9915，无量纲的质量流量比从0.5以上占38.1%提升到0.5以上占87.2%，实现了电堆中空气较均匀分配。

（4）温度场分布显示，一进一出直线型空气流量主要分布在从入口到出口轴线附近，空气流量的不均匀导致了电堆上下部分都处于高温区，而新型空气分配方案中只有电堆下出口侧局部很小范围内处于高温。

（5）氧气摩尔分数分布显示，结果显示一进一出直线型从入口到出口轴线附近氧气摩尔分数高，而电堆顶端和底部大片区域是氧气耗尽区，新型空气分配方案实现了大部分区域氧气摩尔分数均匀，电堆下出口侧局部小范围内氧气摩尔分数低。

可知新型空气分配设计方案较好地解决了阳极支撑型管式电堆应用过程中所需克服的管外空气分配问题，大幅度改善了管式电堆中空气在电池单元之间（电堆层面）、以及电池单元轴向表面（电池单元层面）两个层面上的空气分配质量，实现了对电池单元间和电池单元表面空气的均匀分配，解决了阳极支撑管式电堆实用化的技术难题之一。

第6章

总结与展望

6.1 总结

本书以管式固体氧化物燃料电池（T-SOFC）为研究对象，从电池单元和电池堆两个尺度开展数值建模和工程分析优化工作。

首先，在电池单元尺度层面上，针对阳极支撑型和阴极支撑型 T-SOFC 分别建立了涵盖动量传递、传质、电化学、离子-电子混合导电过程的多物理场耦合分析模型，用于研究电池单元内部复杂工作细节，并着重分析了不同部件参数、工作条件等对 T-SOFC 单元的影响规律，得出 T-SOFC 制作和设计的工程指导结论。

其次，在电池堆尺度层面上，以提升电堆的工作性能和寿命为目的，针对阳极支撑型 T-SOFC 建立了电堆空气流道三维流场分析模型，用于研究和评价电堆内部的空气流动特征，并分析对比了多种流道设计在电池单元之间和电池单元轴向表面的空气分配质量，最终得出了针对阳极支撑型 T-SOFC 电堆的新型空气流道结构设计方案。

研究内容归纳如下：

（1）针对 T-SOFC 单元内部复杂的工作过程，完成了涵盖传质、动量传递、混合离子-电子导电、电化学反应的多物理场耦合模型的建立和验证。模型计算结果和已有实验数据有较好的一致性，对于电流密度小于 $1.2 \text{ A} \cdot \text{cm}^{-2}$ 的计算结果和实验数据误差小于 5%。该模型可用于指导工程制作和设计过程，分析研究不同物性、结构和操作参数对 T-SOFC 单元内部流速、物质浓度、离子-电子电流传导路径、电化学反应活化区域厚度和过程等重要工作细节的影响过程。

（2）基于单电池的多场耦合模型得出的工程指导结论有：

① 运行温度是影响 T-SOFC 工作性能的关键因素之一，当温度从 850℃ 增加到 1150℃，在相同输出电压下，阳极支撑型输出电流密度增加 15.7%，而对于阴极支撑型仅有 3.2%，可见阴极支撑型的性能随温度在一定范围内的变化依赖较小；

② 依据电流密度随电导率的变化曲线可知，阳极支撑型在电极制作过程中适当增加其阴极侧电子电导率有利于电池性能的提升，而对于阴极支撑型而言，电极制作过程中应优先适当增加阳极侧的电子电导率；

③ 阴极的孔隙率对两种支撑结构的电池影响一致，增加孔隙率有利于气体扩散，维持较高的电池发电性能，但过高的孔隙率（＞40%）会导致阴极电子导电能力的大幅下降，即较高的欧姆损失，发电性能随之下降；

④ 阳极的孔隙率选择对二者产生的影响不同，阳极侧气体的扩散引起的浓差极化损失比重较大，由于阳极支撑型的阳极较厚，增加阳极孔隙率有利

于气体的扩散，降低浓差极化损失，而阴极支撑型采用较薄的阳极，增加阳极孔隙率减少的浓差损失不如增加的欧姆损失；

⑤ 当接触电阻从 $0.01\Omega \cdot cm^2$ 增加到 $0.05\Omega \cdot cm^2$ 时，阳极支撑型和阴极支撑型的输出电流密度将分别下降 59.6% 和 62.8%，故不管是何种类型的管式 SOFC，降低集流件与电极的接触电阻均可较大程度地提高电池性能。

（3）数值分析结果表明，对于采用传统的集流件形态和放置位置而言，阴极支撑型具有比阳极支撑型更高的性能，本书分析了阳极支撑型的发展机会。一方面，阴极支撑型实际应用中会面临一些限制其性能进一步提升的不利因素，另一方面，阳极支撑型在浓差损失和燃料利用率等方面有相对阴极支撑型的优势，另外近年来 T-SOFC 也出现了有利于阳极支撑的新集流件设计。与传统的阴极支撑型电堆相比，发展阳极支撑型电堆设计，有可能解决阴极支撑型的一系列次生问题，但关键在于合理解决管式电堆的集流件设计和空气流道结构设计，以达到高效的电流搜集，以及空气在电池单元间和电池单元表面的合理分配。

（4）针对阳极支撑型 T-SOFC 建立了空气流道三维流场分析模型，用于研究和评价管式电堆内部的空气流动特征。计算分析结果如下：

① 对于当前 T-SOFC 电堆的一进口一出口直线型的空气流道设计方案，大多数的空气从进气管导入未经充分反应直接通过出气管流出了电堆，导致空气分配质量非常差（截面 $i=2$，4 和 6 反应的电池单元表面的流速标准偏差分别为 2.06、2.07、1.83）；

② 相比一进口一出口直线型空气流道结构，采用一进口一出口 Z 型的空气流道结构，虽然空气分配质量有较大提升（截面 $i=2$，4 和 6 反应的电池单元表面的流速标准偏差分别为 1.819，1.489 和 0.819），但总体上流速仍集中在管道中间段区域，流速标准偏差较高；

③ 采用二进口二出口 Z 型和二进口二出口 U 型空气流道结构，可在电池单元之间，以及电池表面空气分配质量上有更进一步的提高，其对应的截面 $i=2$，4 和 6 反应的电池单元表面的流速标准偏差总体降为（1.064，1.087 以及 0.765）和（1.016，1.11 以及 1.117）。但总体仍有较大改进空间，由于高的空气流速，以及电池单元排列区域较大的流动阻力，无论是 Z 型或 U 型设计，均存在空气绕开电池单元排列区直接经由电堆顶部边沿区域从进口流至出口的特征。

（5）综合考虑各结构参数影响，包括进出口管直径、进出口管数、进出口主管布置位置、流通截面形式、单电池间距等，对电堆内空气流场各区域进行整体分析和优化设计，提出了一种新型的空气分配方案，其特点如下。

① 沿 SOFC 单元管长度方向在空气入口平均布置了 3 根管，从下侧面输送空气。对应的入口空气流量分入 3 个歧管，歧管内流速降为原来 1/3，从而有利于提高 SOFC 单元间的空气分配均匀性。

② 分配器顶部相对于底部，入口侧相对于出口侧，均采用了截面缩窄的设计。通过增加流动路径流动阻力的方式，降低分配器入口侧和顶部区域附近的空气静压强，避免过多的空气通过分配器的入口侧和顶部绕过电池单元排列区未经反应直接流出，使更多的气流受迫进入电池单元区域，从而改善空气在电池单元间的空气分配质量。

③ 沿 SOFC 单元管长度方向在电堆空气出口布置了两排尾气收集管，每排的 3 根管，从上到下管径由小到大变化，具有阻力减小的特性，使得分配器右侧的尾部收集区压力从上到下压力增加的问题得到缓解。

④ 入口系列歧管和出口尾气收集系列歧管，两者排列方向呈相互垂直特性，使空气在电堆中的流动兼顾了纵向和横向的均匀性，从而改善了空气在电池单元间及 SOFC 单元表面的空气分配质量。

⑤ 空气分配器除入口处那个角，其余 3 个角用圆弧设计。圆弧设计减少了空气流动在分配器直角处的局部压力损失，使空气从入口到出口流动更连续，非电池排列区的空气更多参与电池排列区的反应，提高了空气利用率，减少了空气泵入功。

⑥ 通过调整分配器左窄右宽，上窄下宽，尾气收集管径大小比例，调整空气路径各段流动阻力，达到入口空气各歧管的均匀输入和出口尾气各收集歧管均匀输出，实现空气在电池单元排列区内的均匀分布。计算结果显示，最终优化方案相比目前的一进一出方案，各主截面内速度标准偏差从 4.0401 降为 0.9915，无量纲的质量流量比从 0.5 以上占 38.1％ 提升到 0.5 以上占 87.2％，实现了电堆中空气较均匀分配。

6.2 展望

本书的工作为管式 SOFC 的设计和制造提供了理论参考，但是管式 SOFC 还存在大量的工程改善工作需要完成。

首先，管式 SOFC 和平板式 SOFC 相比较而言，电流路径太长导致非常严重的欧姆损失，这一点可以从第 3 章的电势分布得到证实，如何提高管式 SOFC 集流效率，减小其欧姆损失是一个非常重要的问题，这也是接下来研究工作的重点之一；其次，SOFC 的工作温度在 850℃ 时，其发电效率在 50% 左右，也就是说有近 50% 的能量转化为热量，因而提高 SOFC 余热的利用率将极大地提升 SOFC 的整体效率，有文献报道 SOFC 热电联供其效率可达 80% 以上，因而如何更高效地利用 SOFC 余热，也是下一步值得深入研究的课题。

大力推广包括 SOFC 在内的新能源有利于清洁电力的发展，但目前相对于传统能源利用方式清洁新能源只有大幅提高效率和降低成本，才有机会大量应用，这是我们肩负的使命和努力的方向。

参 考 文 献

[1] British Petroleum. Statistical review of world energy ［R］. London：BP，2016.

[2] British Petroleum. Energy outlook ［R］. London：BP，2016.

[3] Meehl G A，Tebaldi C. More intense，more frequent，and longer lasting heat waves in the 21st century ［J］. Science，2004，305 (5686)：994-997.

[4] 赵媛. 论能源开发利用对全球性环境问题的影响 ［J］. 世界地理研究，2000，9 (4)：89-94.

[5] 程春英，尹学博. 雾霾之 PM2.5 的来源，成分，形成及危害 ［J］. 大学化学，2014，29 (5)：1-6.

[6] 林伯强. 中国能源政策的思考 ［M］. 北京：中国财政经济出版社，2009.

[7] Hayashi M，Hughes L. The policy responses to the Fukushima nuclear accident and their effect on Japanese energy security ［J］. Energy Policy，2013，59：86-101.

[8] Turney D，Fthenakis V. Environmental impacts from the installation and operation of large-scale solar power plants ［J］. Renewable and Sustainable Energy Reviews，2011，15 (6)：3261-3270.

[9] 竹际舜. 改变未来世界的能源新科技-燃料电池 ［J］. 化学世界，1999，(6)：333-336.

[10] Stambouli A B，Traversa E. Solid oxide fuel cells：a review of an environmentally clean and efficient source of energy ［J］. Renewable and Sustainable Energy Reviews，2002，6 (5)：433-455.

[11] 韦文诚. 固体燃料电池技术 ［M］. 上海：上海交通大学出版社，2014.

[12] 彭珍珍，杜洪兵，陈广乐，等. 国外 SOFC 研究机构及研发状况 ［J］. 硅酸盐学报，2010，38 (3)：542-548.

[13] 李连和，齐水冰，李可，等. 固体氧化物燃料电池应用现况及展望 ［J］. 广东化工，2013，40 (14)：122-123.

[14] Stambouli A B. Fuel cells：The expectations for an environmental-friendly and sustainable source of energy ［J］. Renewable and Sustainable Energy Reviews，2011，15 (9)：4507-4520.

[15] O'Hayre R，车硕源，Collea W. 燃料电池基础 ［M］. 北京：电子工业出版社，2007.

[16] Haile S M. Fuel cell materials and components ［J］. Acta Materialia，2003，51 (19)：5981-6000.

[17] 孔宪文，桂敏言，冯玉全. 关于燃料电池发电技术调研报告 ［J］. 中国电力，2001，11 (3)：15-18.

[18] Andújar J，Segura F. Fuel cells：History and updating. A walk along two centuries ［J］. Renewable and sustainable energy reviews，2009，13 (9)：2309-2322.

[19] Bagotsky V S. Fuel cells：problems and solutions ［M］. New Jersey：Wiley，2012.

[20] 赵英汝. 两类典型能量转换系统 (燃料电池和内燃机循环) 的性能特性与优化理论研究 ［D］. 厦门：厦门大学，2008.

[21] Warshay M，Prokopius P R. The fuel cell in space：yesterday，today and tomorrow ［J］. Journal of Power Sources，1990，29 (1-2)：193-200.

[22] Hassmann K. SOFC power plants，the Siemens-Westinghouse approach ［J］. Fuel Cells，2001，1 (1)：78-84.

[23] Healey J R. Fuel-Cell cars ［J］. Scientific American，2008，18：80-81.

[24] 章俊良，蒋峰景. 燃料电池-原理·关键材料和技术 ［M］. 上海：上海交通大学出版社，2014.

[25] 江义，李文钊，王世忠. 高温固体氧化物燃料电池进展 ［J］. 化学进展，1997，9 (4)：387-396.

[26] 何欢欢. 平板式固体氧化物燃料电池堆结构多场耦合模拟与分析 ［D］. 镇江：江苏科技大学，2014.

[27] 韩敏芳，李伯涛，彭苏萍，等. SOFC 电解质薄膜 YSZ 制备技术 ［J］. 电池，2002，32 (3)：156-158.

[28] 赵辉，霍丽华，孙丽萍，等. 中温固体氧化物燃料电池复合阴极材料 LSM-CBO 的制备及性能研究 ［J］. 化学学报，2004，62 (20)：1993-1997.

[29] 吴小芳，张文强，于波，等. 固体氧化物燃料电池/电解池金属连接体涂层研究进展 ［J］. 稀有金属材料与工程，2015，44 (6)：1555-1560.

[30] 丁岩芝. 中温固体氧化物燃料电池复合连接材料的制备与性能研究 ［D］. 合肥：中国科学技术大学，2011.

[31] 朴金花，孙克宁，张乃庆，等. 固体氧化物燃料电池密封材料的研究进展 ［J］. 人工晶体学报，2004，33 (6)：909-912.

[32] Singh P，Minh N Q. Solid Oxide Fuel Cells：Technology Status ［J］. International Journal of Applied Ceramic

Technology，2004，1（1）：5-15.

［33］ 郑雅堂. 燃料电池发展趋势与应用现状［J］. 电工通讯，2015，2：22-38.

［34］ Fuel Cells Hand Book（the 7th ed.）. EG & G Technical Services，Inc. Science Applications International Corporation，U. S. Department of Energy Office of Fossil Energy，National Energy Technology Laboratory，West Virginia，U. S.，2002.

［35］ Timurkutluk B，Timurkutluk C，Mat M D，et al. A review on cell/stack designs for high performance solid oxide fuel cells［J］. Renewable and Sustainable Energy Reviews，2016，56，1101-1121.

［36］ Hayashi K，Yamamoto O，Minoura H. Portable solid oxide fuel cells using butane gas as fuel［J］. Solid state ionics，2000，132（3）：343-345.

［37］ Sammes N. Preliminary Results on a 5W Portable Butane MT-SOFC Stack As a Battery Charger［C］. Proceedings of the ECS Conference on Electrochemical Energy Conversion & Storage with SOFC-XIV，Glasgow，July 26-31，2015. Scotland：ECS，2015.

［38］ Suzuki T，Suzuki T，Yamaguchi T，et al. Fabrication and characterization of YSZ thin films for SOFC application［J］. Journal of the Ceramic Society of Japan，2015，123（1436）：250-252.

［39］ Vasylyev O，Brychevskyi M，Brodnikovskyi I，et al. EB-PVD helium-tight zirconia ceramic coating on porous ceramic substrate［J］. Protection Material，2016，57（2）：244-252.

［40］ 陈昭锋，陈晓峰，南通. 国外新兴产业资源配置政策路径探讨［J］. 中国科技资源导刊，2015，1：27-34.

［41］ 朱新坚. 中国燃料电池技术现状与展望［J］. 电池，2004，34（3）：202-203.

［42］ Wepfer W，Woolsey M. High-temperature fuel cells for power generation［J］. Energy conversion and management，1985，25（4）：477-486.

［43］ Ahmed S，McPheeters C，Kumar R. Thermal-Hydraulic model of a monolithic solid oxide fuel cell［J］. Journal of the Electrochemical Society，1991，138（9）：2712-2718.

［44］ Bessette N F，Wepfer W J. Prediction of on-design and off-design performance for a solid oxide fuel cell power module［J］. Energy conversion and management，1996，37（3）：281-293.

［45］ Campanari S. Thermodynamic model and parametric analysis of a tubular SOFC module［J］. Journal of power sources，2001，92（1）：26-34.

［46］ Li P W，Chyu M K. Simulation of the chemical/electrochemical reactions and heat/ mass transfer for a tubular SOFC in a stack［J］. Journal of Power Sources，2003，124（2）：487-498.

［47］ Izzo J R，Peracchio A A，Chiu W K. Modeling of gas transport through a tubular solid oxide fuel cell and the porous anode layer［J］. Journal of Power Sources，2008，176（1）：200-206.

［48］ Andersson M，Yuan J，Sundén B. Review on modeling development for multiscale chemical reactions coupled transport phenomena in solid oxide fuel cells［J］. Applied Energy，2010，87（5）：1461-1476.

［49］ Wen H，Ordonez J C，Vargas J V C. Optimization of single SOFC structural design for maximum power［J］. Applied Thermal Engineering，2013，50（1）：12-25.

［50］ Djamel H，Hafsia A，Bariza Z，et al. Thermal field in SOFC fed by hydrogen：inlet gases temperature effect［J］. International Journal of Hydrogen Energy，2013，38（20）：8575-8583.

［51］ Jin X，Wang J，Jiang L，et al. A Finite Length Cylinder Model for Mixed Oxide-Ion and Electron Conducting Cathodes Suited for Intermediate-Temperature Solid Oxide Fuel Cells［J］. Journal of The Electrochemical Society，2016，163（6）：F548-F563.

［52］ Batfalsky P，Malzbender J，Menzler N H. Post-operational characterization of solid oxide fuel cell stacks［J］. International Journal of Hydrogen Energy，2016，41（26）：11399-11411.

［53］ Su S，He H，Chen D，et al. Flow distribution analyzing for the solid oxide fuel cell short stacks with rectangular and discrete cylindrical rib configurations［J］. International Journal of Hydrogen Energy，2015，40（1）：577-592.

［54］ Chen D，Wang H，Zhang S，et al. Multiscale model for solid oxide fuel cell with electrode containing mixed conducting material［J］. AIChE Journal，2015，61（11）：3786-3803.

［55］ Peksen M. 3D transient multiphysics modelling of a complete high temperature fuel cell system using coupled CFD and FEM [J] . International Journal of Hydrogen Energy, 2014, 39 (10): 5137-5147.

[56] Kong W, Gao X, Liu S, et al. Optimization of the interconnect ribs for a cathode-supported solid oxide fuel cell [J] . Energies, 2014, 7 (1): 295-313.

[57] Wen H, Ordonez J, Vargas J. Optimization of single SOFC structural design for maximum power [J] . Applied Thermal Engineering, 2013, 50 (1): 12-25.

[58] Peksen M, Al-Masri A, Blum L, et al. 3D transient thermomechanical behaviour of a full scale SOFC short stack [J] . International Journal of Hydrogen Energy, 2013, 38 (10): 4099-4107.

[59] Jin L, Guan W, Niu J, et al. Effect of contact area and depth between cell cathode and interconnect on stack performance for planar solid oxide fuel cells [J] . Journal of Power Sources, 2013, 240: 796-805.

[60] Chen D, Zeng Q, Su S, et al. Geometric optimization of a 10-cell modular planar solid oxide fuel cell stack manifold [J] . Applied energy, 2013, 112: 1100-1107.

[61] 孔为 . 固体氧化物燃料电池和磁控溅射阴极的理论分析与优化设计 [D] . 合肥: 中国科学技术大学, 2012.

[62] Park J, Bae J. Characterization of electrochemical reaction and thermo-fluid flow in metal-supported solid oxide fuel cell stacks with various manifold designs [J] . International Journal of Hydrogen Energy, 2012, 37 (2): 1717-1730.

[63] Menon V, Janardhanan V M, Tischer S, et al. A novel approach to model the transient behavior of solid-oxide fuel cell stacks [J] . Journal of Power Sources, 2012, 214, 227-238.

[64] Lin C-K, Chen T-T, Chyou Y-P, et al. Thermal stress analysis of a planar SOFC stack [J] . Journal of Power Sources, 2007, 164 (1): 238-251.

[65] Yan D, Bin Z, Fang D, et al. Feasibility study of an external manifold for planar intermediate-temperature solid oxide fuel cells stack [J] . International Journal of Hydrogen Energy, 2013, 38 (1): 660-666.

[66] 刘世学 . 中温固体氧化物燃料电池多物理场模拟与性能优化 [D] . 合肥: 中国科学技术大学, 2008.

[67] 汪志诚 . 热力学-统计物理-第 4 版 [M] . 北京: 高等教育出版社, 2008.

[68] Warnatz H C J, Maas U, Dibble R W. Combustion [M] . Berlin: Springer, 2006.

[69] 蒋先锋 . 固体氧化物燃料电池的热力学及电化学应用基础 [J] . 化工时刊, 2012, 26 (7): 54-58.

[70] 陈代芬 . 固体氧化物燃料电池性能的微结构理论与多尺度多物理场模拟 [D] . 合肥: 中国科学技术大学, 2010.

[71] Incropera F P, Lavine A, Bergman T L. Fundamentals of heat and mass transfer [M] . New York: Wiley, 2007.

[72] Zhu H Y, Kee R J. A general mathematical model for analyzing the performance of fuel -cell membrane-electrode assemblies [J] . Journal of Power Sources, 2003, 117 (1-2): 61-74.

[73] Khaleel M A, Lin Z, Singh P, et al. A finite element analysis modeling tool for solid oxide fuel cell development: coupled electrochemistry, thermal and flow analysis in MARC [J] . Journal of Power Sources, 2004, 130 (1-2): 136-148.

[74] Virkar A V, Chen J, Tanner C W, et al. The role of electrode microstructure on activation and concentration polarizations in solid oxide fuel cells [J] . Solid State Ionics, 2000, 131 (1-2): 189-198.

[75] Shi Y X, Cai N S, Li C. Numerical modeling of an anode-supported SOFC button cell considering anodic surface diffusion [J] . Journal of Power Sources, 2007, 164 (2): 639-648.

[76] Zhu H Y, Kee R J. Modeling distributed charge-transfer processes in SOFC membrane electrode assemblies [J]. Journal of Electrochem Society, 2008, 155 (7): 715-729.

[77] Zhou W, Shao Z P, Ran R, et al. Novel SrSc0. 2Co0. 8O3-delta as a cathode material for low temperature solid-oxide fuel cell [J] . Electrochemistry Communications, 2008, 10 (10): 1647-1651.

[78] Shah M, Nicholas J D, Barnett A. Prediction of infiltrated solid oxide fuel cell cathode polarization resistance [J]. Electrochemistry Communications, 2009, 11 (1): 2-5.

[79] Jiang Z Y, Zhang L, Feng K, et al. Nanoscale bismuth oxide im, regnated (La, Sr) MnO3 cathodes for intermediate-temperature solid oxide fuel cells [J] . Journal of Power Sources, 2008, 185 (1): 40-48.

[80] Jiang S P, Wang W, Zhen Y D. Performance and electrode behaviour of nano-YSZ impregnated nickel anodes

used in solid oxide fuel cells [J]. Journal of Power Sources, 2005, 147 (1-2): 1-7.

[81] Kee R J, Zhu H, and Goodwin D G. Modeling electrochemistry and solid-oxide fuel cells [J]. Journal of Combustion Society of Japan, 2005, 47: 192-204.

[82] Costamagna P, Honegger K. Modeling of solid oxide heat exchanger integrated stacks and simulation at high fuel utilization [J]. Journal of Electrochem Society, 1998, 145 (11): 3995-4007.

[83] Damm D L, Fedorov A G. Local thermal non-equilibrium effects in porous electrodes of the hydrogen-fueled SOFC [J]. Journal of Power Sources, 2006, 159 (2): 1153-1157.

[84] Yuan. Y The upwind finite difference fractional steps method for nonlinear coupled system of dynamics of fluids in porous media [J]. Science China Mathematics, 2002, 45 (5): 578-593.

[85] Tseronis K, Kookos I K, Theodoropoulos C. Modelling mass transport in solid oxide fuel cell anodes: a case for a multidimensional dusty gas-based model [J]. Chem Eng Sci, 2008, 63 (23): 5626-5638.

[86] Todd B, Young J B. Thermodynamic and transport properties of gases for use in solid oxide fuel cell modelling [J]. Journal of Power Sources, 2002, 110 (1): 186-200.

[87] Veldsink J W, Damme R M J V, Versteeg G F, et al. The use of the dusty-gas model for the description of mass transport with chemical reaction in porous media [J]. Chemical Engineering Journal & the Biochemical Engineering Journal, 1995, 57 (2): 115-125.

[88] Bear J. Dynamics of fluids in porous media [M]. New York: Elsevier, 1972.

[89] Zhu H Y, Kee R J, Janardhanan V M, et al. Modeling elementary heterogeneous chemistry and electrochemistry in solid-oxide fuel cells [J]. Journal of Electrochem Society, 2005, 152 (12): 2427-2440.

[90] Ohayre R P, Cha S-W, Colella W, et al. Fuel cell fundamentals [M]. New Jersey: Wiley, 2006.

[91] Cao H, Li X, Deng Z, et al. Dynamic modeling and experimental validation for the electrical coupling in a 5-cell solid oxide fuel cell stack in the perspective of thermal coupling [J]. International Journal of Hydrogen Energy, 2011, 36 (7): 4409-4418.

[92] Patziger M. Computational fluid dynamics investigation of shallow circular secondary settling tanks: Inlet geometry and performance indicators [J]. Chemical Engineering Research & Design, 2016, 112: 122-131.

[93] Blazek J. Computational fluid dynamics: principles and applications [M]. Oxford: Butt-erworth-Heinemann, 2015.

[94] 姚征, 陈康民. CFD 通用软件综述 [J]. 上海理工大学学报, 2002, 24 (2): 137-144.

[95] 曾启策. 固体氧化物燃料电池模块化短堆流场模拟与结构优化 [D]. 镇江: 江苏科技大学, 2013.

[96] Honda S, Kimata K, Hashimoto S, et al. Strength and thermal shock properties of scandia-doped zirconia for thin electrolyte sheet of solid oxide fuel cell [J]. Materials transactions, 2009, 50 (7): 1742-1746.

[97] Amedi H R, Bazooyar B, Pishvaie M R. Control of anode supported SOFCs (solid oxide fuel cells): Part I. mathematical modeling and state estimation within one cell [J]. Energy, 2015, 90: 605-621.

[98] Choi J J, Ahn C-W, Kim J-W, et al. Anode-supported type SOFCs based on novel low temperature ceramic coating process [J]. Journal of the Korean Ceramic Society, 2015, 52 (5): 338-343.

[99] Kupecki J. Principles and applications of high temperature ion conducting ceramic in power generation-fuel cells and oxygen membranes [J]. Copernican Letters, 2016, 6: 41-50.

[100] Xue Y J, Miao H, He C R, et al. Electrolyte supported solid oxide fuel cells with the super large size and thin ytterbia stabilized zirconia substrate [J]. Journal of Power Sources, 2015, 279: 610-619.

[101] Li C, Shi Y, Cai N. Mechanism for carbon direct electrochemical reactions in a solid oxide electrolyte direct carbon fuel cell [J]. Journal of Power Sources, 2011, 196 (2): 754-763.

[102] Lee S-B, Lim T-H, Song R-H, et al. Development of a 700W anode-supported micro-tubular SOFC stack for APU applications [J]. International Journal of Hydrogen Energy, 2008, 33 (9): 2330-2336.

[103] Cui D, Tu B, Cheng M. Effects of cell geometries on performance of tubular solid oxide fuel cell [J]. Journal of Power Sources, 2015, 297: 419-426.

[104] Zhou L, Cheng M, Yi B, et al. Performance of an anode-supported tubular solid oxide fuel cell under pressurized conditions [J]. Electrochimica Acta, 2008, 53 (16): 5195-5198.

[105] Jia J，Shen S，Riffat S，et al. Structural parameters study of a tubular solid oxide fuel cell [J] . Journal of the Energy Institute，2005，36（78）：76-80.

[106] Su S，Gao X，Zhang Q，et al. Anode versus cathode supported solid oxide fuel cell：effect of cell design on the stack performance [J] . Int J Electrochem Sci，2015，10：2487-2503.

[107] 孔永红，华斌，蒲健. 金属支撑型固体氧化物燃料电池研究现状与发展 [J] . 中国科技论文在线，2009，4（4）：308-312.

[108] Bai Y，Wang C，Ding J，et al. Direct operation of cone-shaped anode-supported segmented-in-series solid oxide fuel cell stack with methane [J] . Journal of Power Sources，2010，195（12）：3882-3886.

[109] 刘燕. 便携式锥管状固体氧化物燃料电池的研究与开发 [D] . 广州：华南理工大学，2013.